大﨑顕一

アーティファクト法律事務所
水口瑛介

はじめてでも ここまでできる Stable Diffusion 画像生成本格活用ガイド

技術評論社

【ご注意】購入・利用の前に必ずお読みください

　本書に記載された内容は情報の提供のみを目的としています。したがって、本書の記述に従った運用は、必ずお客様ご自身の責任と判断によって行ってください。これらの情報の運用の結果について、技術評論社および著者は、如何なる責任も負いません。

　本書に記載の情報は2024年２月現在のものを掲載していますので、ご利用時には変更されている場合もあります。
　また、ソフトウェアに関する記述は、特に断わりのない限り、2024年２月現在での最新版をもとにしています。本書の情報は可能な限りバージョンに依存しない内容を優先して掲載することを意図していますが、ソフトウェアなどのアップデートにより、本書での説明とは機能内容や画面図などが異なってしまうこともあり得ます。

　以上の注意事項をご承諾いただいた上で、本書をご利用願います。これらの注意事項をお読みいただかずにお問い合わせをいただいても、技術評論社および著者は対処しかねます。あらかじめご承知置きください。

はじめに

画像生成AIの世界にようこそ。

2022年4月にOpenAIが公開した画像生成AIサービス「DALL-E2」を発端として、翌年の7月にはMidjourney社が人気チャットツールのDiscord上で手軽に利用可能な画像生成AIサービス「Midjourney」をオープンベータとして公開すると、瞬く間に広く一般ユーザー層にまで普及しました。

これらのサービスは、絵を描く技能やカメラを操作することでしか制作できなかった画像を、プログラミングなしで、普段使っている文章や画像などを入力するだけでノートパソコンやスマホからでも素早く高品質な画像を出力することができました。

「草原で馬に乗った宇宙飛行士」「キリンとドラゴンのキメラ」などのように文字や入力データの組み合わせで、本来存在しえないような画像も自然に表現できることから、その可能性に大きな注目が寄せられています。

しかし、画像生成サービスの多くは有償サービスのため、一定回数以上に利用しようとすると、生成するたびに費用がかかります。

加えて制作の自由度が限定的で、細部まで画像を作りこみたいコアユーザーには今一つ物足りなく思うものでした。

そんな中、Stability Ai社がCompVis LMU、Runwayと共同で2022年8月に「Stable Diffusion」という画像生成AIをOSS（オープンソースソフトウェア）とし

て無償公開した結果、世界の誰でも自由に開発に参加することができるようになりました。誰かがユーザーのパソコン上で簡単に扱えるツールを作成し、また誰かがそのツールの機能を拡張するものを作り、また誰かがAI学習を簡単に行えるツールを作成するという一大ムーブメントが形成されたのです。

数多の開発者がこうした流れに参加していく中でAUTOMATIC1111氏が、「Stable Diffusion Web UI」(AUTOMATIC1111 版Stable Diffusion Web UIとも呼ばれる。以下、WebUI) と言うインターフェースを作成しました。このインターフェースは従来コマンドプロンプトのような文字で操作する必要があったStable Diffusionを、Webブラウザ上で操作でき、拡張機能をURLコピーだけで簡単に使えるということで現在の主流インターフェースとして利用されています。

しかしながら、生まれて間もない画像生成という技術を体系的に学べる環境はあまり多くありません。情報は目まぐるしく更新されており、発見した方法がすでに通用しないものであることも珍しくありません。

そこで本書では、画像生成を初心者からでも手軽に使いこなせるよう、一連の情報を一冊にまとめました。この手引書を通して、初心者から中級者へとレベルアップできるよう、WebUIを基礎として、画像制作方法、主要な拡張機能の利用法、出力したキャラクターをお気に入りのキャラクターとしてAIに覚えさせる方法など、基本的な知識を広範囲にわたって学び取ることができます。

技術は日進月歩で進化していますが、本書を読み基礎知識をしっかりと身につけることで、新しい情報や技術に触れたときに、理解が深まり、学習がスムーズに進むでしょう。

本書は、以下の6つの章から構成されています。

第1章　Stable Diffusionの基本

Stable Diffusionを操作するためのツールであるWebUIを自分のPCにインストールする方法とStable Diffusionを用いて画像生成を行う方法を解説し、文章から画像を生成する「txt2img」という機能について解説しています。

第2章　プロンプトを駆使した画像生成

txt2imgによる生成で使用する「プロンプト」と呼ばれる文章の記法と強調表現、さらに特殊なキーワードについて、生成例を交えながら解説します。

第3章　快適な画像生成のための環境整備

WebUIの拡張機能と外部ツールを活用した、プロンプトの入力機能強化とブックマークの仕方に加えて、画像生成を行う過程で生まれる大量の画像の管理ツールを紹介します。

第4章　画像生成を極める

色塗りの改善方法、「ControlNet」を用いた姿勢制御・画風指定・ラフ絵仕上げの方法を解説し、オリジナルキャラをAIに覚えさせるLoRA学習と呼ばれる手法を解説します。

第5章　画像生成AIと著作権

画像生成AIを利用する際には、著作権に関して知っておくべきことがあります。専門家の立場からアーティファクト法律事務所の水口瑛介氏が解説します。

第6章　プロンプト集

プロンプトの実例を多数集めました。全部で242のタグの生成例を掲載しているので、プロンプトを指定するときに役立ててください。

本書で解説しているコマンドは、本書サポートページからダウンロードしてご利用いただけます。

https://gihyo.jp/book/2024/978-4-297-14083-0

◉本書の稼働環境について

本書の内容はWindows 10/11で動作確認しています。画面キャプチャーはWindows 10のものを使用していますが、Windows 11でも同様に動作します。

◉本書で掲載している画像について

本書で掲載している画像は、本書執筆時点でStable Diffusionの派生モデルによって生成されたものです。本書で解説している通りに利用しても、生成AIの性質上、本書の内容と同じ生成結果が得られるわけでありませんので、ご了承ください。

◉ AI画像生成と著作権に関する注意

画像生成したものの取り扱いについては、本書第5章でも著作権の観点から解説しています。Stable Diffusionによる画像生成を行う際や、画像生成したものをインターネット上で公開する際は、使用するモデルの利用規約および、著作権の侵害に当たることにならないように、十分注意する必要があります。著作権については第5章の解説を参考にしてください。

目　次

1

Stable Diffusionの基本

本章では、最初にStable Diffusionの動作環境と確認方法について説明してから、「WebUI」と呼ばれる、Stable Diffusionを操作するためのツールをインストールする方法を解説します。そのあと、実際にWebUIを使い画像を生成してみます。

はじめに

本書で解説する「Stable Diffusion」はStability AI社が公開した画像生成AIです。画像生成AIは数十億以上の画像の特徴を学習し、その結果を1つのデータにまとめたものです。**学習済みモデル**とも呼ばれます。本書では、「学習済みモデル」のことを「**モデル**」と略して呼ぶことにします。

画像生成AIをインターネット上で利用可能にするサービスが多数提供されています。このサービスは「**画像生成サービス**」と呼ばれ、サーバー上で画像が生成され、画像のみ送られてくる仕組みです。パソコンやスマホの性能にこだわらずに使えて便利なサービスです。代表的な画像生成サービスとしては、表1.1に挙げているものがあります。

表1.1 代表的な画像生成サービス

サービス名	価格	従量課金	特徴
NovelAI	10～25ドル／月	あり	イラストが得意
Holara	基本無料+10～25ドル／月	あり	イラストが得意
Midjourney	10～60ドル／月	あり	実写とイラストが得意
chichi-pui	基本無料	あり	3種類のモデルが使える
Aipictors	基本無料+2,000円／月	あり	3種類のモデルとLoRAが使える
DALL-E 3	20ドル／月	なし	AIと対話形式で生成ができる
Adobe Firefly	無料版あり、680円／月	あり	Adobe Stockや著作権的にクリアな画像からAIを作成しており、クリーンなAIを謳っている
Canva AI	基本無料	なし(回数制限あり)	Canva上での制作に必要なイラスト生成や音楽生成、文章生成など幅広い機能がある。
Bing Image Creator	基本無料	なし(回数制限あり)	内部でDALL-E3を使用している。無料で使えるのが強み

※データは執筆時点

最近では、スマホの撮影アプリやSNSサービスにも画像生成機能が実装されており、さまざまなアプリや環境から利用できます。

こうした、画像生成サービスに対して、個人のパソコン上で画像生成を行う方法を「**ローカル生成**」と呼びます。このローカル生成を行うときによく使われるツールが「AUTOMATIC1111版Stable Diffusion Web UI」（以下、WebUI）です。

本書で解説するWebUIは、Stable DiffusionをGUI[*1]を用いて直感的に利用できるようにした操作ツールです。特徴として、高い拡張性が挙げられます。本書の第3章と第4章で解説しますが、画像生成サービスとローカル生成の違いは大きく分けて以下の3つです。

- 無料で無制限に画像生成が可能
- 生成に便利な拡張機能を使用可能
- オリジナルキャラなどをAIに覚えさせることができる

画像生成のスキルを上達させるには、生成ごとにパラメーターを調節し出力結果をふまえて、再度好みの画像になるよう調整して出力することを繰り返す必要があります。このとき前述の画像生成サービスでは利用回数の制限や生成ごとの追加料金がかかるため、かなりの出費になります。一例としてNovelAIでは、1枚出力する際に約1～2円かかる（決済はドルベースのため為替の影響も受けます）といわれています。筆者が過去1年間で生成した画像は削除した画像も含めると約10万枚になるため、生成だけでも20万円弱＋12か月分の月額料金がかかることになります。

また、ローカル生成の環境では有志が開発した文字の入力補助や、色移りの低減、スケッチを基に画像を生成するなどといった生成を手助けする拡張機能が数多く存在しており、気になった機能は簡単に追加して試すことができます。加えて、ローカル生成を楽しむ上では追加学習も重要です。追加学習とは既にある画像生成AIに対して新しい概念を覚えさせるための手法です。本書でも解説するLoRAモデル（以下、LoRA[*2]）を画像生成AIに読み込ませると、解像度が上がる、オリジナルキャラクターをAIに覚えさせることができるなど、さまざまな効果を出力に付加することができます。

こうした機能やLoRAを利用できる画像生成サービスは一部しか存在せず、ローカル生成の大きな強みとなっています。

＊1
GUIはグラフィカルユーザーインターフェースの略。現在のWindowsやmacOSのようにマウスで操作可能なインターフェースのこと。コマンドプロンプトのように文字のみで操作する環境のことをCUI（キャラクターユーザーインターフェース）と呼ぶ。

＊2
LoRAとは追加学習の手法のことで、その学習結果を「LoRAモデル」と呼ぶ。LoRAモデルは単に「LoRA」と呼ばれることも多い。

Stable Diffusionの動作環境

ローカル生成を行うには、パソコンが一定のスペックである必要があります。まず、Windows OSを搭載したPCで、8GB以上の専用GPUメモリ（後述）を載せたNVIDIA製のGPUが必須です。具体的には「NVIDIA GeForce RTX 30xx」もしくは「同RTX 40xx」（xxには数字が入ります）が搭載されていれば問題ありません。

注意

本書で紹介するWebUIは、Windowsだけでなく、macOS、Linux上でも動作します。しかし、Stable Diffusionの拡張機能をフル活用したり、大量の画像を処理するには高性能なGPUとメモリが必要です。本書では、比較的安価かつ容易に環境のセットアップが可能でトラブル解決の情報も多いWindows OS搭載PCの利用を推奨します。

本書で推奨するStable Diffusionの動作環境を 表1.2 に挙げておきます。

表1.2 Stable Diffusionの推奨動作環境

OS	CPU	本体メモリ
Windows (64bit) 10/11	―	16GB以上
グラフィックボード（GPU）	**専用GPUメモリ**	**ストレージ**
NVIDIA GeForce RTX 30xx NVIDIA GeForce RTX 40xx	8GB以上 LoRA作成時は 12GB以上を推奨	最低空き容量50GB以上 SSD推奨

GPUの確認方法

すでにGPUを搭載しているパソコンをお持ちの場合、次の手順でGPUスペックの確認ができます。

注意

画面はWindows 10のものです。Windows 11でも同様の手順で確認できます。

手順1　Windowsのタスクバーを右クリックし、タスクマネージャーを起動します（図1.1）。

手順2　「パフォーマンス」タブを選択し、左に並んでいる項目の中からGPUを選択します（図1.2）。

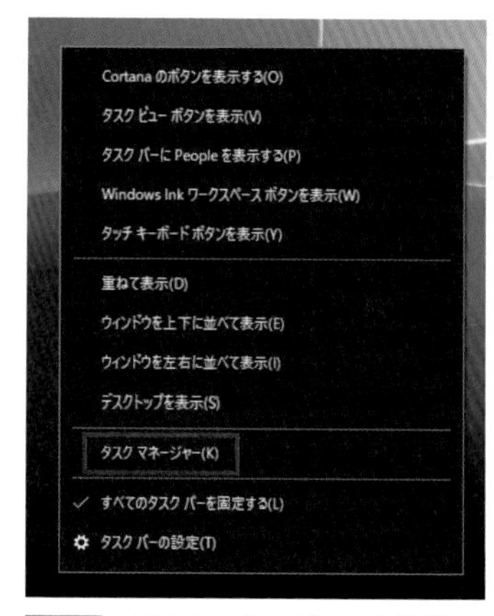

図1.1　タスクマネージャーを起動

図1.2 専用GPUメモリの値を確認

手順3　GPUの項目が開いたら、右上にある「NVIDIA～」のGPU名と、下部にある「専用GPUメモリ」の値を確認します（図1.2）。

Tips

現在、GPUの主要メーカーはNVIDIA社、AMD社の2社です。画像生成AI分野ではNVIDIA社のGPUでの動作を前提としていることがほとんどです。エラーが起きた際も検索すると解決策が出てきやすくおすすめです。GPUを導入するときは、NVIDIA社のGPUが使われているかどうか必ず確認しましょう。

画像生成AIに使用する新しいPCを準備する際、BTO（Build To Order）に対応したPCメーカーの「デスクトップ型ゲーミングPC」のカテゴリをチェックすると、性能と価格のバランスが取れたPCが見つかります。本書執筆時点で推奨スペックのPCはおおよそ25万円前後で販売されていることが多いです。

Tips

画像生成AIにはノート型ゲーミングPCも利用できますが、推奨しません。画像生成はPCに長時間の高負荷がかかるため、ノートPCが過熱しやすく、その結果、故障のリスクが高まります。冷却機能が優れているデスクトップPCの使用をおすすめします。

より高性能なGPUで専用GPUメモリが多ければ多いほど画像生成の速度が高速になるため、基本的にはRTX 40xxもしくはRTX 30xxのシリーズの製品で、専用GPUメモリが8GB以上のものを選ぶようにします。

専用GPUメモリの搭載量はGPUの型番ごとにほぼ固定されています。購入検討中のGPUの型番をGoogle検索して専用GPUメモリの搭載量を調べてみましょう。表1.3に専用GPUメモリの容量とStable Diffusionで利用できる機能の対応表を挙げておくので、製品選びの参考にしてください。なお、8GB以下の専用GPUメモリを乗せたGPUの場合、性能不足で動作しないか、省メモリ用の特殊な設定をする必要があるため、できるだけ専用GPUメモリが多いものを選ぶようにしましょう。

表1.3 メモリ容量と利用できる機能の対応（本書執筆時点）

専用GPUメモリ	画像生成	LoRA作成	グラフィックボードの例（RTX、GTXは省略）
12GB以上	可能	可能	4090、4080、4070（Ti）、3090（Ti）, 3080Ti、3080 12GB版、3060 12GB版
8GB以上	可能	可能	3070（Ti）、3060（Ti、8GB版）、3050
6GB	可能	できない	2060、1060
6GB以下	できない	できない	10XX

コラム

命名のお作法

日本国内での使用を前提としていないソフトや、英語圏の開発者が多いソフトを利用する際、稀に発生するトラブルとして、ファイル名、PC名、ユーザー名が日本語のためソフトが文字を認識できず実行できないと言う現象があります。特にPC名、ユーザー名が原因で起こる場合は検出が難しいため発見が遅れます。

トラブル防止のためにPCを新調する場合は必ずPC名、ユーザー名を空白なしの英語で命名し、英語圏がメインのソフトだと思ったらファイル名を英語にするようにしましょう。

クラウドサービス上での画像生成

ローカルマシンを使わずクラウドサービスを利用して、画像生成を行うこともできます。よく話題に上がるのは「Google Colaboratory[*3]」というクラウドサービスです。Colaboratoryを略して、Colab（コラボ）と称されることもあります。このサービスはGoogleが提供する機械学習向けのプラットフォームで、Googleの強力なサーバーを利用することができます。

ノートパソコンを使用してもアクセス可能なので、とても便利です。ただし、利用には費用が発生することと、初期設定が難しい点がデメリットとして挙げられます。

コラム

画像生成を無料で試せるウェブサイト

パソコンを購入したり、Colabを利用する前に、無料で画像生成が試せるウェブサイトを利用して、あとからPCの購入を検討してみてもよいでしょう。無料でStable Diffusionによる画像生成を行える代表的なサイトとして、「Clipdrop」を挙げておきます。

QR **Hugging Face - Stable Diffusion 2.1 Demo**
https://huggingface.co/spaces/stabilityai/stable-diffusion

環境構築とWebUIのインストール

次にWebUIのインストール方法を紹介します。WebUIのインストール方法は次の2種類があります。

- **通常のインストール方法**：コマンドラインでGit[*4]コマンドを使う
- **簡易版のインストール方法**：有志が作成したインストールランチャーを使う

通常のインストール方法は内部のファイル構造を理解しやすくなるためおすすめですが、複数の手順があり手間がかかります。簡易版の場合、ランチャーの開発が

＊3　https://colab.research.google.com/
＊4　Gitは、バージョン管理システム（Version Control System：VCS）のGitで使われるコマンド。GitはLinuxカーネルの開発者Linus Torvalds氏が開発した。Gitの機能を用いてプロジェクトのソースコードを管理、共有できるWebサービスが「GitHub」で、本書でもGitHubで共有されているプロジェクトをいくつも紹介している。

止まるとインストールできなくなる恐れがありますが、画面の操作に従うだけで簡単にインストールができます。どちらの方法も一長一短がありますが、今回は両方のインストール方法を紹介しておきます。

基本的には簡易版のインストール方法がわかりやすいため先にそちらを読み、通常のインストールは必要なときに読むとよいでしょう。

事前準備

まず、WebUIで利用するモデルのダウンロードを行います。モデルは「Hugging Face」や「Civitai」のような配布サイトで有志が配布しています。また、検索をすればおすすめモデルまとめサイトなどが存在するためそれらを足掛かりに用意してもよいでしょう。

コラム

ライセンスの確認

Stable Diffusionにはライセンス（使用許諾契約）が存在します。画像生成を行う際は必ず内容を確認するようにしてください。

公式ライセンス
https://huggingface.co/spaces/CompVis/stable-diffusion-license

公式のライセンス要約
https://huggingface.co/blog/stable_diffusion

特に注意したいのは、モデルごとにライセンスの内容が異なる点です。

本書で取り上げるHimawari MixsのようにStable Diffusionをもとにして作成されたモデルは、モデルの作成者が新たな利用規約を追加してよいとされています。トラブルを防止するために新しいモデルをダウンロードする場合は必ずライセンスの内容を確認してください。

本書では、細部の表現力が強く、出力画像を商用利用することができる、みん氏（https://twitter.com/min__san）の「**HimawariMixs**」を利用することにします。

QR **natsusakiyomi/HimawariMixs · Hugging Face**
https://huggingface.co/natsusakiyomi/HimawariMixs

準備1 HimawariMixsの配布ページにアクセスしたら、ページ上部の「Files」タブをクリックします（**図1.3**）。

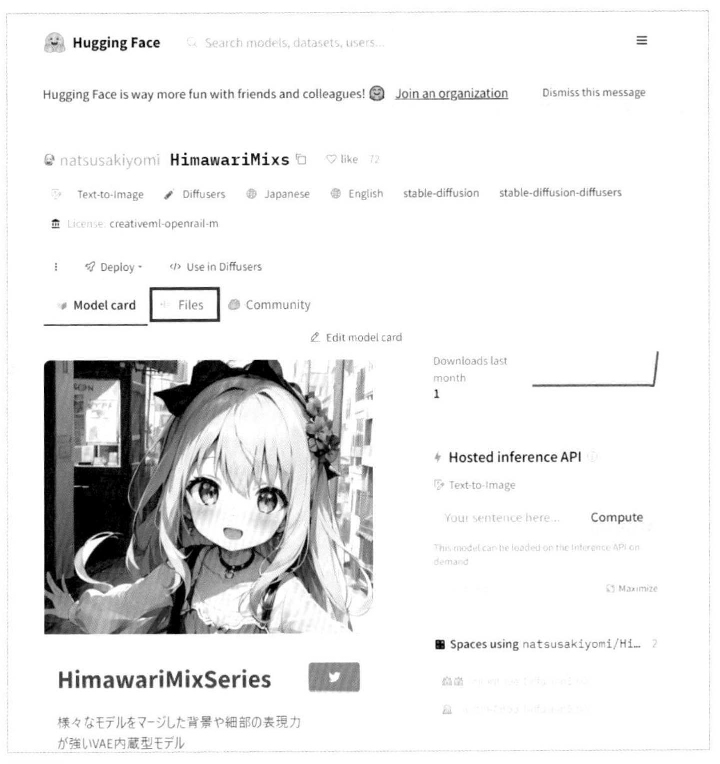

図1.3 HimawariMixsの配布ページにアクセス

準備2 表示されたファイル一覧から「HimawariMix-v8」フォルダを開き（**図1.4**）、「HimawariMix-v8.safetensors」の横にある「LFS」ボタン、もしくはダウンロードアイコンをクリックしてダウンロードしておきます（**図1.5**）。

Tips

今後複数のモデルを使い分けるようになると、全体に灰色がかった色味が異様に薄い画像を出力するモデルに出会うことがあります。このときは、VAE（Variational Auto-Encoder：変分オートエンコーダ）と呼ばれる技術を利用すると色味が復活します。いくつか種類がありますが、Stability AI社が作成した「vae-ft-mse-840000-ema-pruned.safetensors」を利用するとよいでしょう。設定方法については、39ページのTips「VAEの適用」を参照してください。なお、本書で取り上げるHimawariMixにはVAEが内蔵されているため利用する必要はありません。

QR **stabilityai/sd-vae-ft-mse-original · Hugging Face**
https://huggingface.co/stabilityai/sd-vae-ft-mse-original

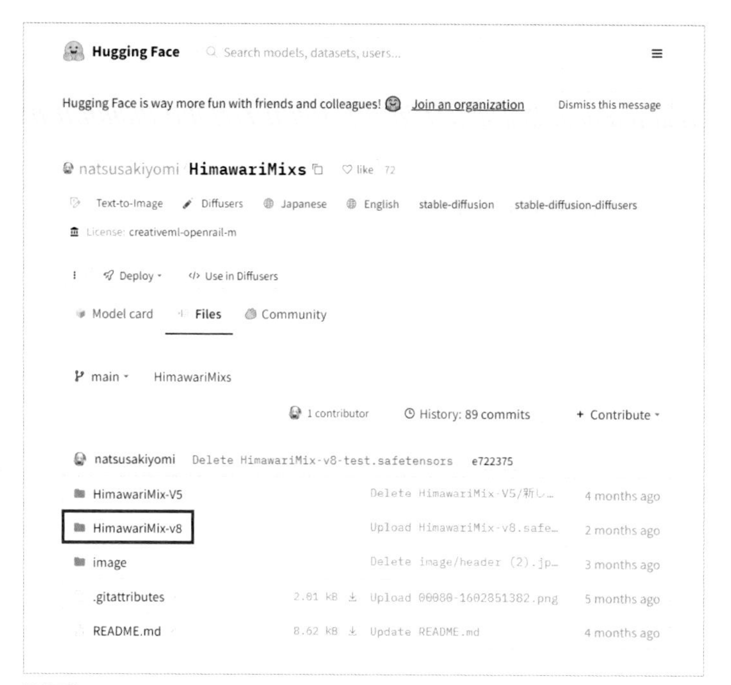

図1.4 「HimawariMix-v8」フォルダを開く

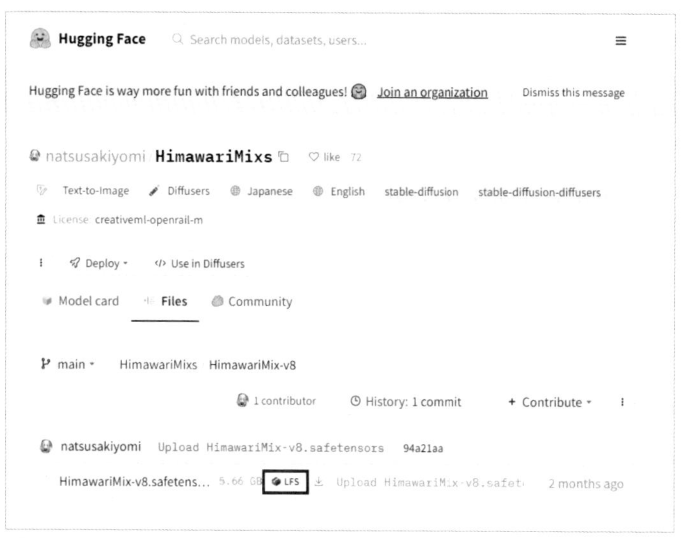

図1.5 「LFS」ボタンをクリックしてダウンロード

Tips

モデルなどに使われる拡張子に「ckpt」と「safetensors」の２種類があります。内容自体は同じですが、safetensorsはckptに比べて読み込み速度が早いと言われています。特に指定がなければ、「safetensors」拡張子のほうを選ぶとよいでしょう。

WebUIの通常インストール

事前準備ができたら、WebUIのインストールを始めましょう。先に、通常のインストール方法を紹介します。

手順１　Python 3.10.6のインストール

WebUIは一般消費者が利用することを想定されたソフトウェアとは異なり、プログラミングツールを利用して動作させる必要があります。まずはWebUIを動かすためのプログラミングツールとしてPythonを導入します。

QR Python Release Python 3.10.6 | Python.org
https://www.python.org/downloads/release/python-3106/

上記のURLに移動し、ページの下のほうにある「Files」のリストの中から「Windows installer (64-bit)」をダウンロードします（図1.6）。

Files

Version	Operating System	Description	MD5 Sum	File Size	GPG
Gzipped source tarball	Source release		d76638ca8bf57e44ef0841d2cde557a0	25986768	SIG
XZ compressed source tarball	Source release		afc7e14f7118d10d1ba95ae8e2134bf0	19600672	SIG
macOS 64-bit universal2 installer	macOS	for macOS 10.9 and later	2ce68dc6cb870ed3beea8a20b0de71fc	40826114	SIG
Windows embeddable package (32-bit)	Windows		a62cca7ea561a037e54b4c0d120c2b0a	7608928	SIG
Windows embeddable package (64-bit)	Windows		37303f03e19563fa87722d9df11d0fa0	8585728	SIG
Windows help file	Windows		0aee63c8fb87dc71bf2bcc1f62231389	9329034	SIG
Windows installer (32-bit)	Windows		c4aa2cd7d62304c804e45a51696f2a88	27750096	SIG
Windows installer (64-bit)	Windows	Recommended	8f46453e68ef38e5544a76d84df3994c	28916488	SIG

図1.6　Windows（64bit）用のインストーラーをダウンロード

ダウンロードしたファイルを実行し、インストールする際に注意事項が２つあります。

1. インストール画面の最初で「Add Python 3.10 to PATH」という項目にチェックを入れてください（図1.7）。チェックを入れ忘れた場合は、Pythonを削除し、再インストールからやり直してください。

図1.7　Pythonのインストール

2. 今回はPythonのバージョン3.10.6[*5]をインストールすることにしていますが、「3.10.6」以外のバージョンをインストールしないでください。安易に最新バージョンをインストールしても、WebUIの実行画面でバージョンが異なるためエラーとなり、動作しません。このあたりはシビアなので、もし実行画面でエラー表示が出た場合はインストールしたバージョンが正しいかどうか確認しましょう。

＊5
執筆時点で公式推奨のバージョンは3.10.6です。インストール時にエラーが発生した場合は、公式のインストール手順に従いましょう。

手順2　Gitのインストール

WebUIはGitHubというサービスで公開されています。このサービスをスムーズに使うためにGitをインストールします。

QR **Git - Downloading Package**
https://git-scm.com/download/win

上のURLにアクセスし、「Click here to download」をクリックすると、インストーラーがダウンロードされます。以降は、インストーラーの指示に従いインストールを行います（図1.8）。

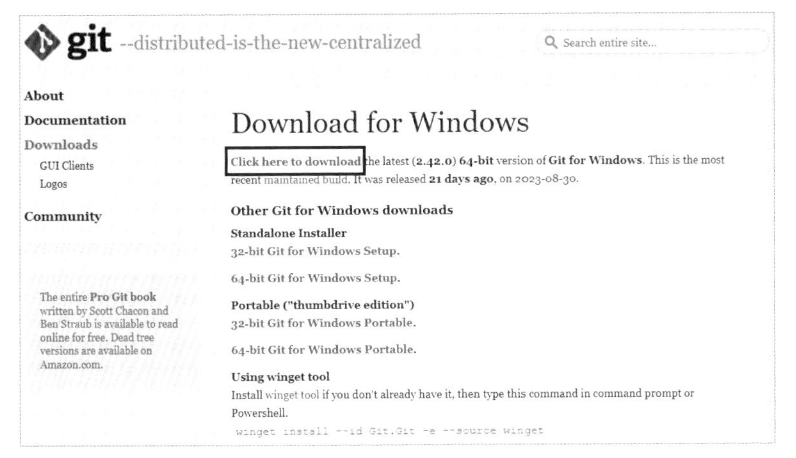

図1.8　Gitのインストール

手順3　**WebUIのインストール場所を決める**

WebUIをインストールする場所を決め、エクスプローラーで開きます。インストールするドライブには50GB以上の空き容量を確保するようにしてください。また、HDDでは動作が非常に遅くなるため、SSDへの導入を推奨します。

今回は、SSDに「ai」という名前のフォルダを作成してインストールを進めていきます（図1.9）。

図1.9　SSD「AI」に「ai」というフォルダを作成

手順4　**コマンドプロンプトで実行する**

（1）インストール場所を開き、アドレスバーに「cmd」と入力してからEnterキーを押します（図1.10）。

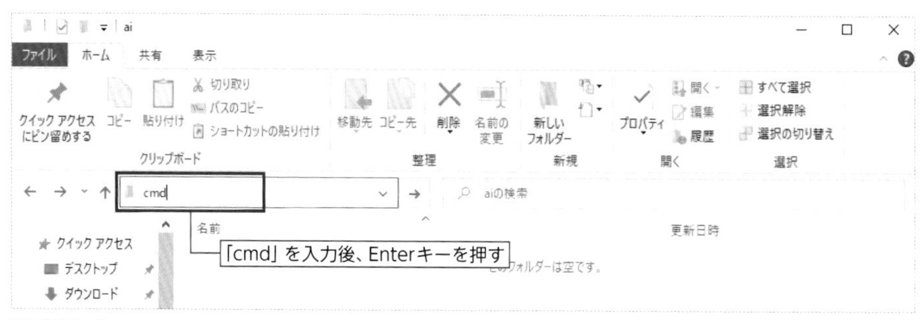

図1.10　「cmd」の実行

(2) コマンドプロンプトが開いたら、次のコマンドを入力し、Enterキーを押して実行します（図1.11）。git cloneコマンドは、StableDiffusion WebUIのデータがまとめてある場所（リポジトリと呼びます）からローカルの環境に複製するコマンドです。

```
git clone https://github.com/AUTOMATIC1111/stable-diffusion-webui.git
```

図1.11　git cloneコマンドを実行

(3) 実行が完了すると、インストール場所に「stable-diffusion-webui」というフォルダが設置されます（図1.12）。

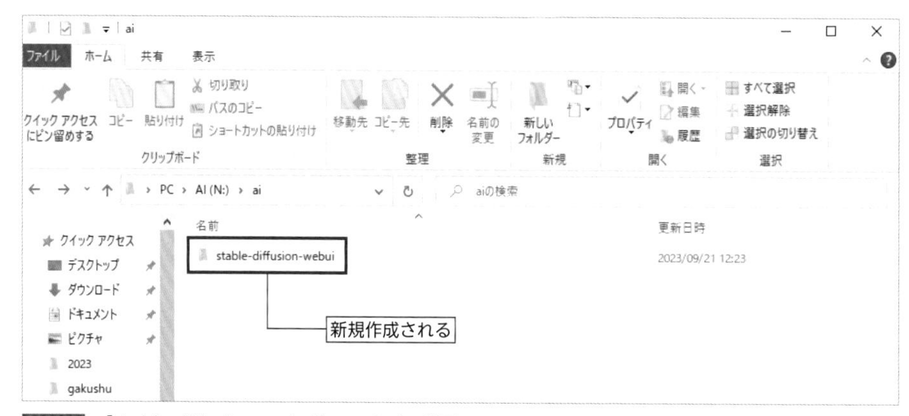

図1.12　「stable-diffusion-webui」フォルダの設置

手順5　モデルを設置する

事前準備で用意したモデルを適切な場所に設置します。作成した「stable-diffusion-webui」内の「models\Stable-diffusion」フォルダにモデルを設置します（図1.13）。VAE（変分オートエンコーダ）がある場合は「models\VAE」に設置します（図1.14）。設置例を図1.15に示します。

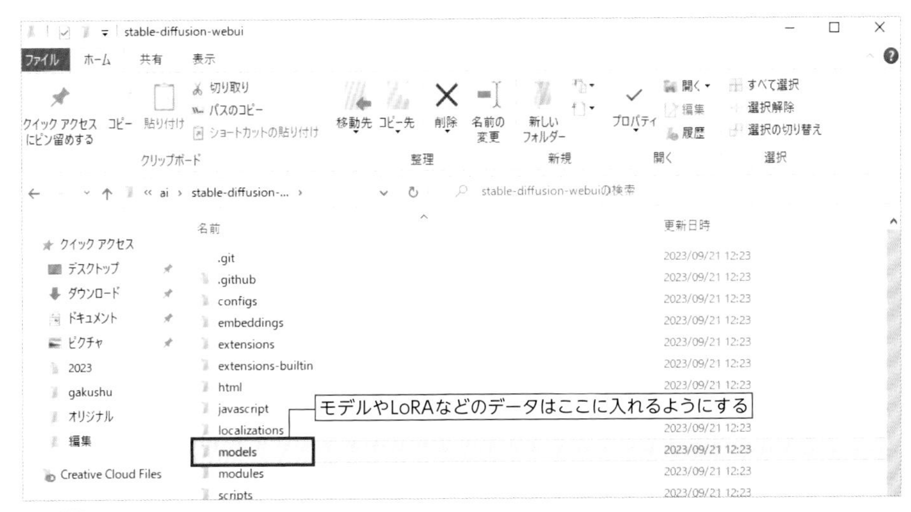

図1.13　モデルの設置

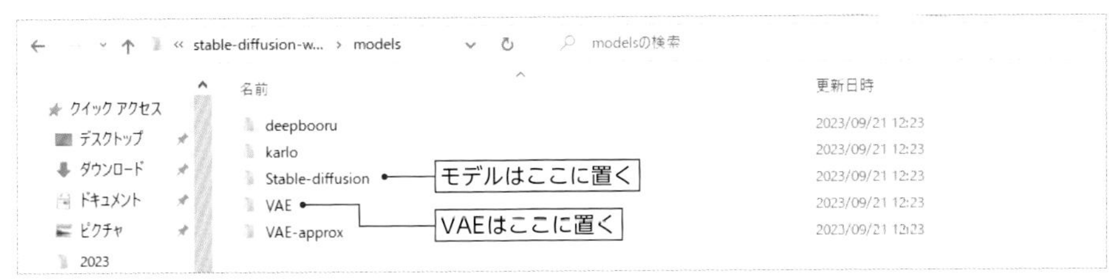

図1.14　モデルとVAEの配置

図1.15　「models\Stable-diffusion」フォルダの設置例

Tips

お使いの環境およびアプリケーションによって「¥」（円記号）が「\」（バックスラッシュ）と表示されることがあります。日本語環境において、Aフォルダの中にBフォルダが配置されている場合、「A¥B」もしくは「A\B」と表示されますが、同じ意味ですので利用に支障はありません。

手順6　WebUIの初回起動

（1）WebUIを起動してみましょう。まず、「stable-diffusion-webui」内のwebui-user.batを探します（図1.16）。

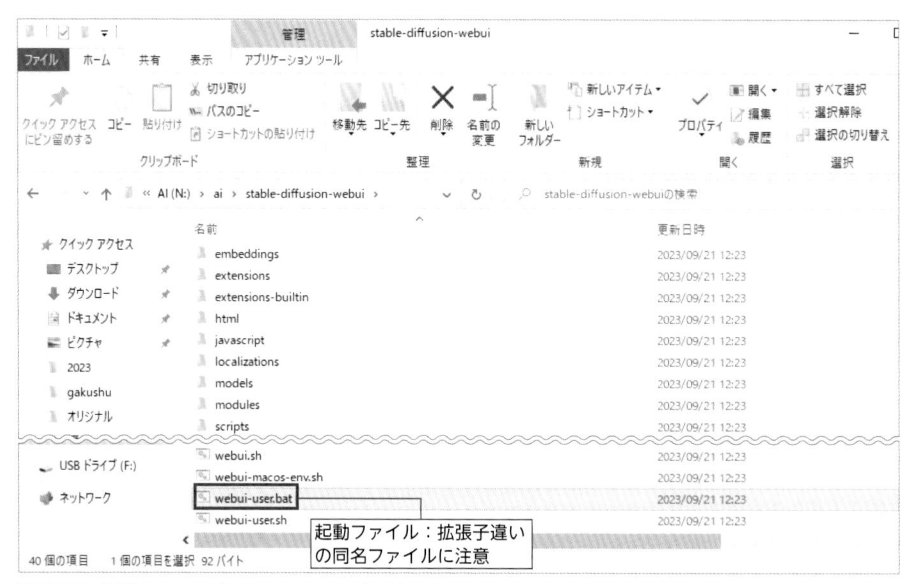

図1.16　起動ファイル（webui-user.bat）を探す

（2）エクスプローラーのデフォルト設定だと拡張子が表示されていませんが、今回はアイコンが同じで、拡張子違いのファイル（webui-user.sh）があるため、見分けるために拡張子を表示するようにします。

エクスプローラー上部の「表示」タブを開き、右端にある「ファイル名拡張子」にチェックを入れると拡張子が表示されます（図1.17）。

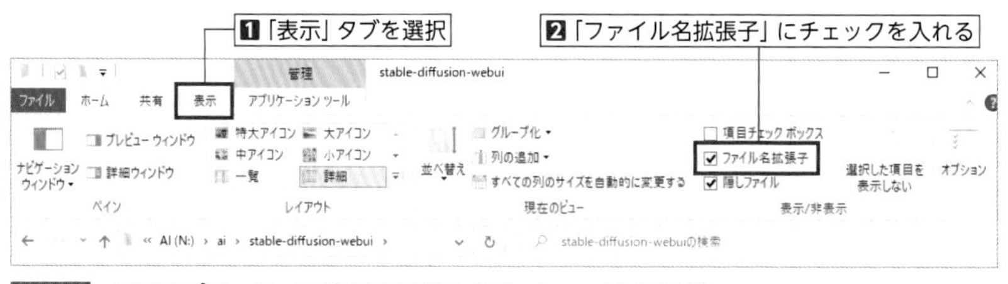

図1.17　エクスプローラーで拡張子を表示（Windows 10の場合）

Tips

Windows 11をお使いの場合は、エクスプローラーの「表示」メニューから「表示」→「ファイル拡張子」を選択してください。

（3）webui-user.batを実行すると、コマンドプロンプトが表示され、初回起動処理が行われます（図1.18）。

```
C:¥WINDOWS¥system32¥cmd.exe
Creating venv in directory N:¥ai¥stable-diffusion-webui¥venv using python "C:¥Users¥aaatg¥AppData¥Local¥Programs¥Pytho
ython310¥python.exe"
venv "N:¥ai¥stable-diffusion-webui¥venv¥Scripts¥Python.exe"
Python 3.10.9 (tags/v3.10.9:1dd9be6, Dec  6 2022, 20:01:21) [MSC v.1934 64 bit (AMD64)]
Version: v1.6.0
Commit hash: 5ef669de080814067961f28357256e8fe27544f4
Installing torch and torchvision
Looking in indexes: https://pypi.org/simple, https://download.pytorch.org/whl/cu118
Collecting torch==2.0.1
  Using cached https://download.pytorch.org/whl/cu118/torch-2.0.1%2Bcu118-cp310-cp310-win_amd64.whl (2619.1 MB)
```

図1.18　初回起動処理

初回起動は動作に必要なデータを多数取得するため、ダウンロードに数十分〜数時間程度時間がかかります（図1.19）。

```
Cloning BLIP into N:¥ai¥stable-diffusion-webui¥repositories¥BLIP...
Cloning into 'N:¥ai¥stable-diffusion-webui¥repositories¥BLIP'...
remote: Enumerating objects: 277, done.
remote: Counting objects: 100% (165/165), done.
remote: Compressing objects: 100% (30/30), done.
remote: Total 277 (delta 137), reused 136 (delta 135), pack-reused 112
Receiving objects: 100% (277/277), 7.03 MiB | 24.01 MiB/s, done.
Resolving deltas: 100% (152/152), done.
Installing requirements for CodeFormer
Installing requirements
Launching Web UI with arguments:
no module 'xformers'. Processing without...
no module 'xformers'. Processing without...
No module 'xformers'. Proceeding without it.
Calculating sha256 for N:¥ai¥stable-diffusion-webui¥models¥Stable-diffusion¥HimawariMix-v8.safetensors: Running on lo
URL:  http://127.0.0.1:7860

To create a public link, set `share=True` in `launch()`.
Startup time: 263.8s (prepare environment: 250.4s, import torch: 4.8s, import gradio: 1.3s, setup paths: 1.2s, initia
e shared: 0.5s, other imports: 1.4s, setup codeformer: 0.3s, load scripts: 2.7s, create ui: 0.7s, gradio launch: 0.4s
b334cb73d8372887adeccd1f364f59bc3639f038a7d888717029f59a2af4fb07
Loading weights [b334cb73d8] from N:¥ai¥stable-diffusion-webui¥models¥Stable-diffusion¥HimawariMix-v8.safetensors
Creating model from config: N:¥ai¥stable-diffusion-webui¥configs¥v1-inference.yaml
Applying attention optimization: Doggettx... done.
Model loaded in 17.7s (calculate hash: 7.1s, load weights from disk: 0.2s, create model: 0.5s, apply weights to model
.6s, apply half(): 1.7s, load VAE: 0.2s, calculate empty prompt: 1.3s).
```

図1.19　初回起動終了

（4）最終的に「http://127.0.0.1:7860」というURLが表示されたら起動準備完了です（図1.19）。WebUIのバージョンが1.6.0以降では自動的にブラウザが立ち上がるはずですが、立ち上がらない場合は表示されている「http://127.0.0.1:7860」というURLをChromeなどのWebブラウザに入力し、図1.20のような画面が表示されたら導入成功です。

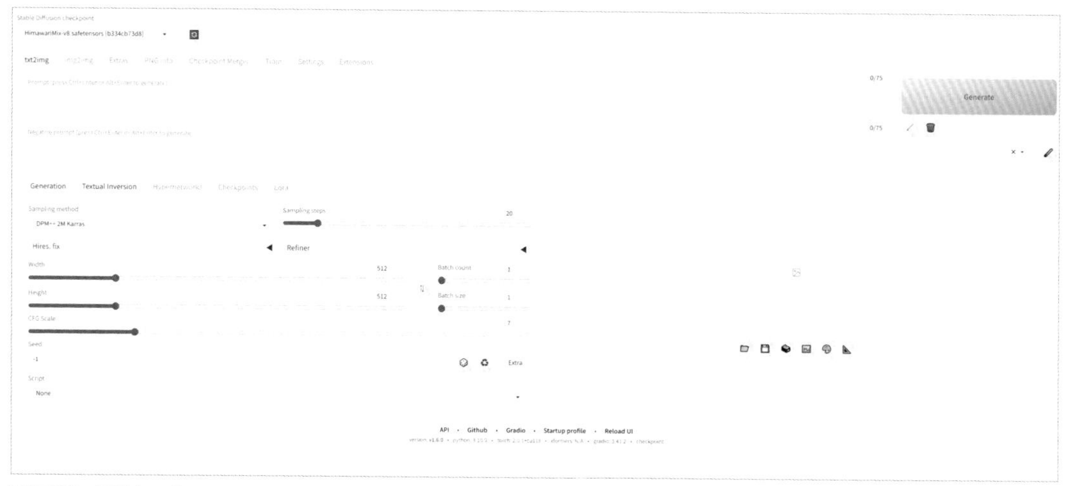

図1.20　起動完了後の画面

これで導入が完了したので、次回以降もwebui-user.batを実行するとWebUIが立ち上がります。起動しているWebUIを終了するには直接コマンドプロンプトを閉じます。

起動を確認したら、先ほどのwebui-user.batを右クリックし、表示されたメニューの［編集］をクリックします。これでメモ帳が開きます（**図1.21**）。

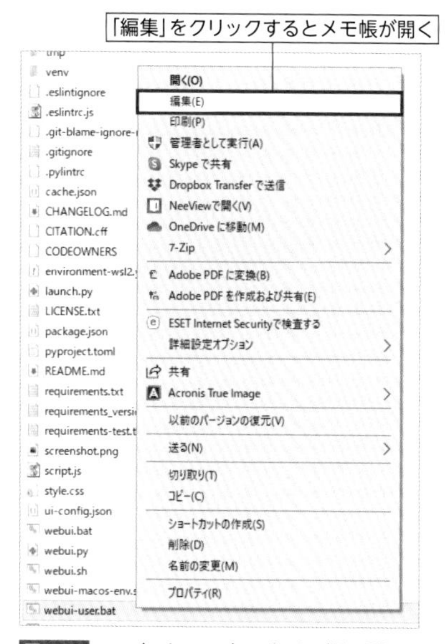

図1.21　webui-user.batをメモ帳で開く

ファイルの内容は、次のように書かれているはずです。

```
@echo off

set PYTHON=
set GIT=
set VENV_DIR=
set COMMANDLINE_ARGS=

call webui.bat
```

この中の「set COMMANDLINE_ARGS=」の後ろにコマンドを入力すると、起動オプションが実行されます。今回は次のようにコマンドを入力して保存してください。コマンドの前には半角スペースを入れましょう。

半角スペースを入力

```
set COMMANDLINE_ARGS= --xformers
```

今回指定した「--xformers」は画像生成の高速化ライブラリです。デフォルトでは指定されていないため、手動で指定することをおすすめします。このほかにも起動オプションはありますが、開発者や特殊な環境で使うための機能が多いため本書では割愛します。

上のようにコマンドを入力し、ファイルを保存したら、再度実行します（図1.22）。

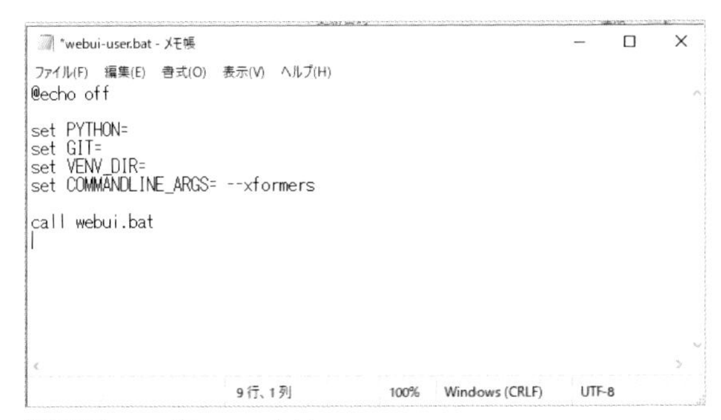

図1.22 メモ帳での入力例

実行してみると、ブラウザ画面下部の「xformers」という欄の値が「N/A」からバージョン数値に変更されているはずです（図1.23）。

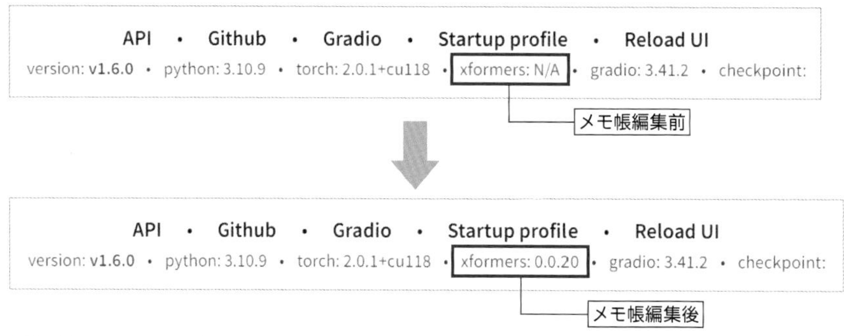

図1.23　xformersの値が変更されている

簡易インストーラー「Stability Matrix」

ここまで、通常のインストール方法について見てきました。次に、簡易版のインストール方法を紹介します。通常のインストールでは煩雑な作業がありましたが、これから紹介する「Stability Matrix」というツールは、もっと簡単にインストール作業を進めてくれます。

Stability Matrixは、さまざまなツール類のインストールを簡易化します。本書で取り扱うWebUIのほかに、「ComfyUI」「SD.Next（vladmandic）」「VoltaML」「InvokeAI」「Fooocus」「Fooocus MRE」のような人気のある画像生成ツールも導入することができます。

コラム

Pinokio

AIツールの簡易インストーラーは、ここで紹介している「Stability Matrix」以外にもあり、最近では「Pinokio」と呼ばれるツールが話題です。

QR **Pinokio**
https://pinokio.computer/

「Stability Matrix」は主に画像生成AIに関連したツールをインストールできますが、Pinokioでは画像生成AIのみならず、音楽AI、音声AI、文章AIといったほとんどすべてのAIツールを手軽にインストールできます。登場してからまだ日が浅く、日本語情報がほとんどない上級者向けのツールですが、AIをもっと楽しみたいという方は是非チェックしてみてください。

Stability Matrixにはそのほかにも次のようなメリットがあります。

- PythonやGitなども自動でインストールしてくれる
- 日本語化されたGUIでわかりやすく操作しやすい
- モデル配布サイトと連携し、ツール内でモデルのダウンロード、適用が可能
- 画像生成ツール間のデータ共有

Stability Matrixを使用したインストールは、複数の環境を手軽に導入することができて非常に便利ですが、まだまだ開発途中のため不具合が発生する可能性があります。不具合が発生した場合は、前述の通常のインストール手法を用いて新規導入をしてみてください。

手順1　ツールのダウンロード

（1）GitHubの「Stability Matrix」のページにアクセスし、「Releases」をクリックします（図1.24）。

QR **LykosAI/StabilityMatrix | GitHub**
https://github.com/LykosAI/StabilityMatrix

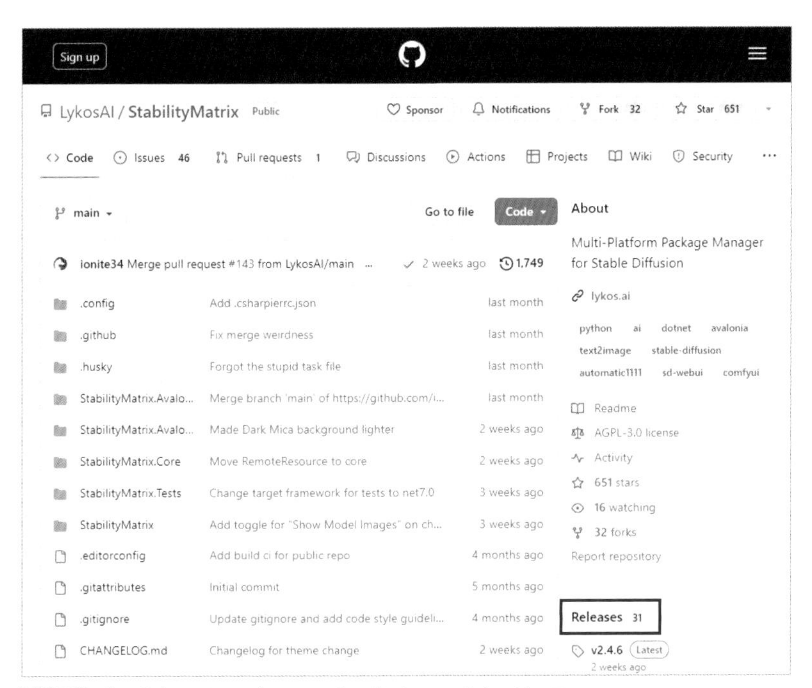

図1.24　「Stability Matrix」のページの「Releases」をクリック

（2）画面が切り替わったら、最新版（Latest）の「StabilityMatrix-win-x64.zip」と記載されているzipをダウンロードし、解凍します（図1.25）。

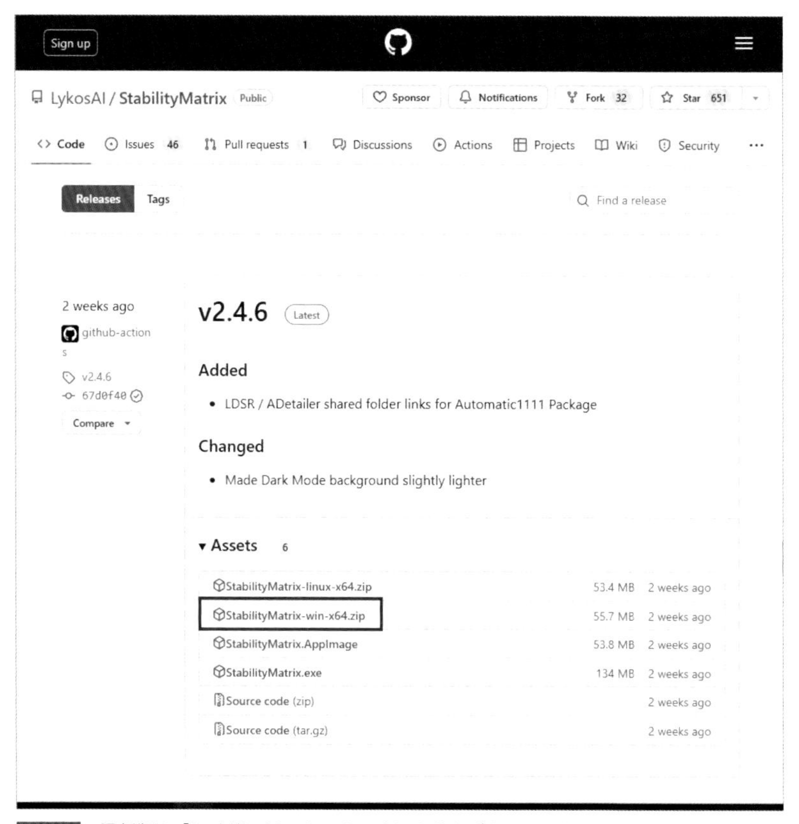

図1.25　最新版の「StabilityMatrix-win-x64.zip」をダウンロード

（3）解凍したフォルダごと、インストール予定の場所に移動します。今回は「ai」というフォルダを新規作成し、その中に配置しました（図1.26）。

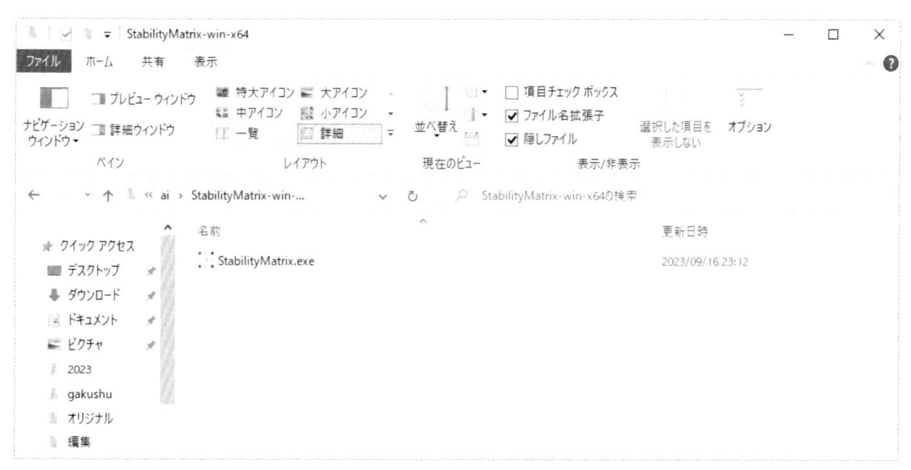

図1.26　解凍したフォルダを移動

手順2　StabilityMatrixの実行

（1）フォルダ内の「StabilityMatrix.exe」を実行し、使用許諾契約書に同意して「続ける」をクリックします（図1.27）。もしGPUのスペックが動作環境に満たない場合は警告してくれます。

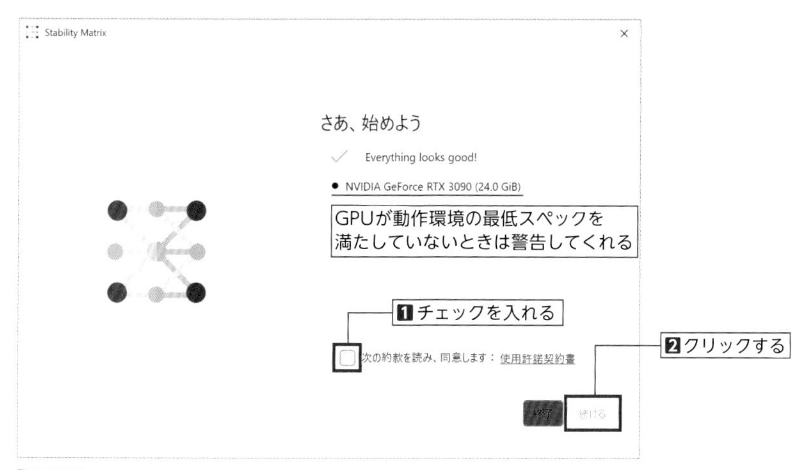

図1.27　使用許諾契約書の確認

Tips

StabilityMatrixを実行するときに「WindowsによってPCが保護されました」という青い画面（ブルースクリーン）が出ることがあります（図1.28）。その際は「詳細情報」をクリックしてから「実行」ボタンをクリックしてください（図1.29）。

図1.28　青い画面（ブルースクリーン）1

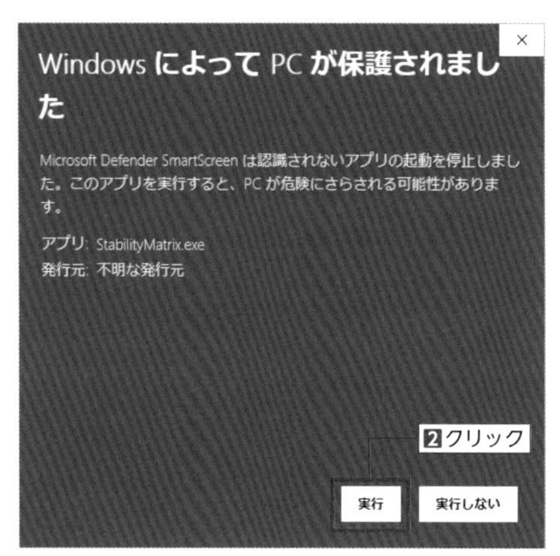

図1.29　青い画面（ブルースクリーン）2

（2）次にインストール先を選びますが、「Portableモード」にチェックを入れて「続ける」をクリックします（図1.30）。これで「StabilityMatrix.exe」と同じ場所に「Data」フォルダが作成されます（図1.31）。本書では「Portableモード」にチェックを入れたとして進めていきます。

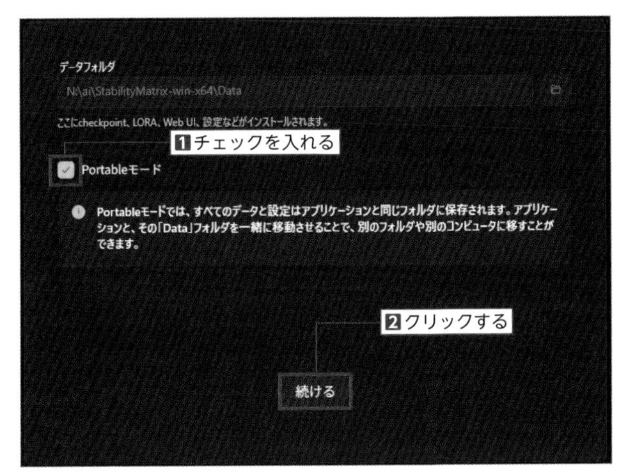

図1.30 「Portableモード」にチェックを入れる

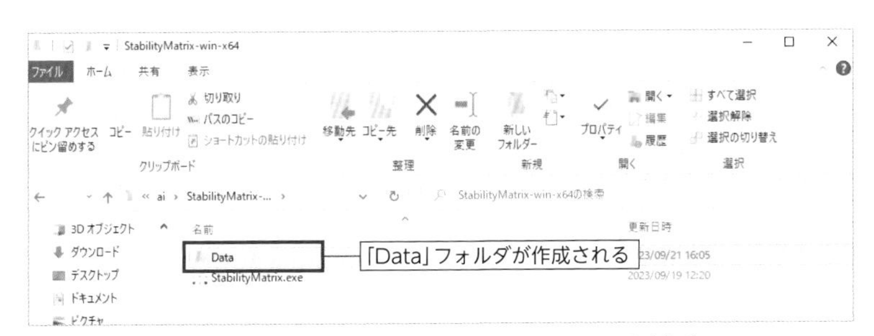

図1.31 「StabilityMatrix.exe」と同じ場所に「Data」フォルダが作成される

手順3 生成ツールの選択・インストール

（1）導入する画像生成ツールを選びます。一番上の「Stable Diffusion Web UI By AUTOMATIC1111」を選び、次に出てきた画面で「Download」ボタンをクリックします（図1.32）。

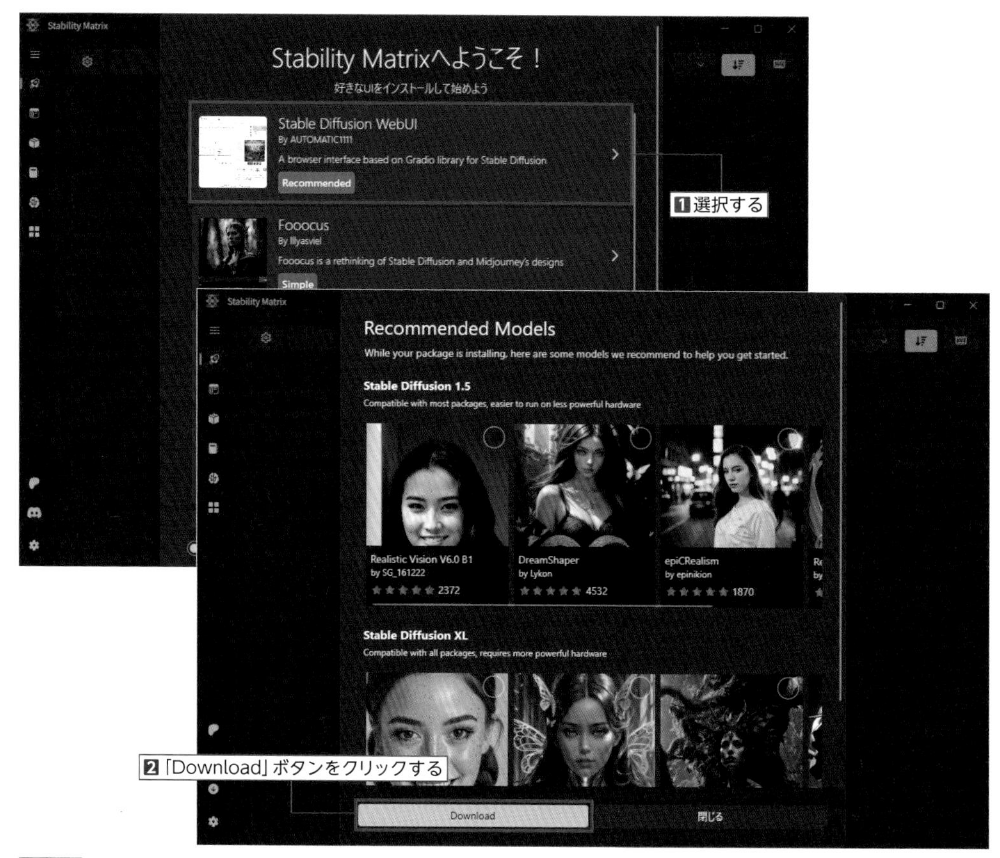

図1.32　導入する画像生成ツールの選択

これでインストールが始まります（図1.33）。終了するまで数十分ほどかかります。通常のインストールの際に行ったPythonやGitのインストールなどの事前準備も含めて自動で行ってくれます。

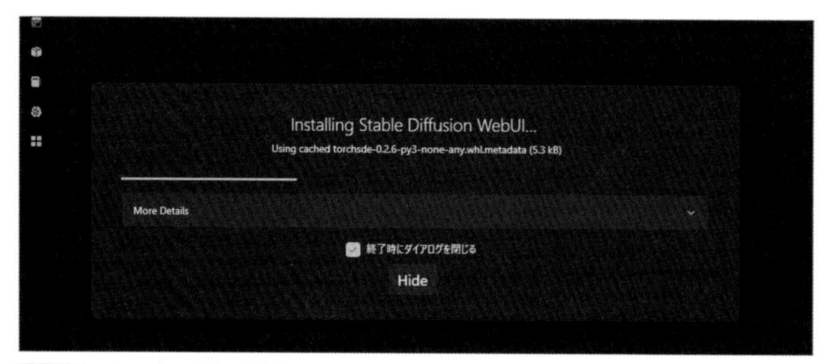

図1.33　インストール中の画面

手順4　初回起動の実行

（1）図1.34 のような画面が表示されればインストール完了です。画面の説明どおり「Launch」ボタンをクリックするとWebUIが実行され、初回の起動を開始します。

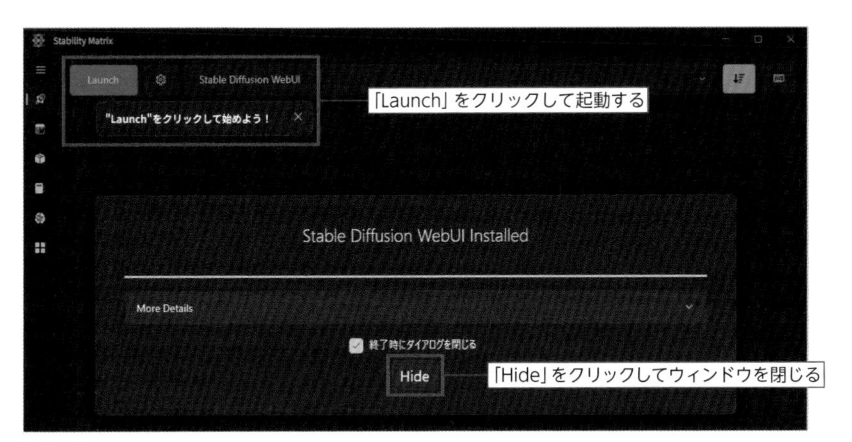

図1.34　初回起動

起動が終わると、図1.35 のような画面と、Chromeなどのブラウザが立ち上がり、WebUIの画面（図1.36）が開きます。WebUIの画面が開かない場合は、図1.35 に表示されているURLをブラウザで開いてください。

図1.35　初回起動時の画面

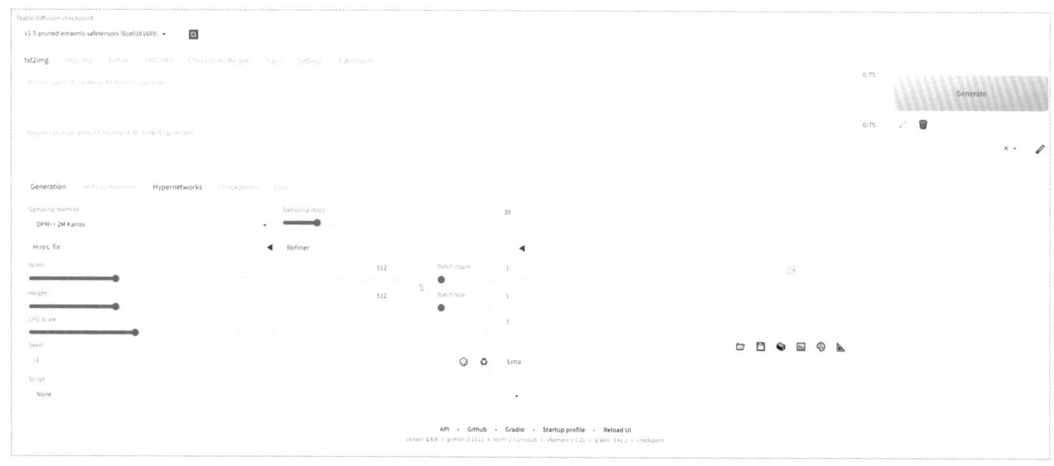

図1.36　WebUIの画面（初回起動時）

（2）ダウンロードしたモデルデータを「Stability Matrix」画面の「Checkpoints」下段の「StableDiffusion」欄にドラッグ＆ドロップします（図1.37）。その後、モデルが読み込まれます（図1.38）。読み込みが終わると、画面にモデルが追加されています（図1.39）。

図1.37　ダウンロードしたモデルデータを「StableDiffusion」欄に設定

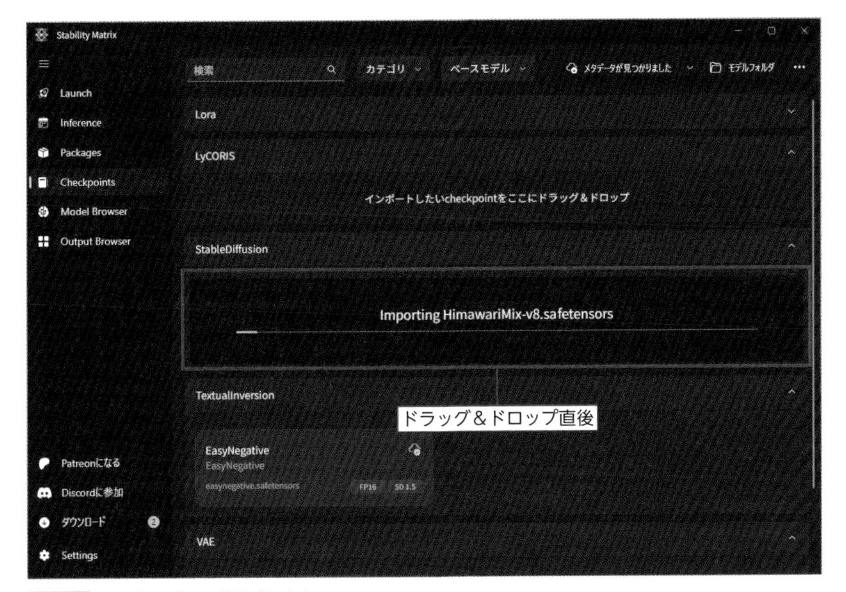

図1.38　モデルデータ読み込み中

図1.39　ドラッグ＆ドロップしたモデルが追加されている

Tips

前述のVAEを設置する際は、「カテゴリ」プルダウンをクリックし、「VAE」にチェックを入れて「VAE」欄を表示し、モデルと同じようにドラッグ＆ドロップします（図1.40）。

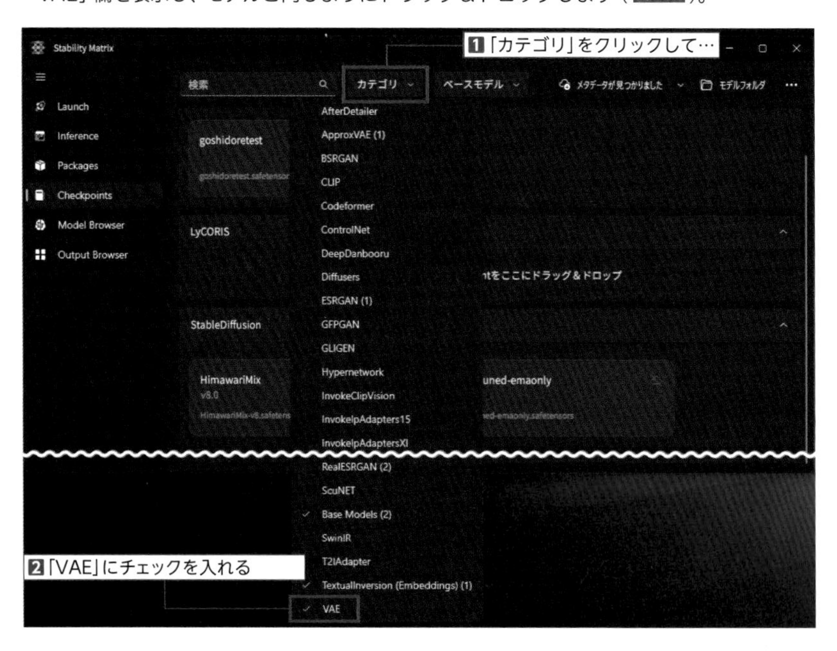

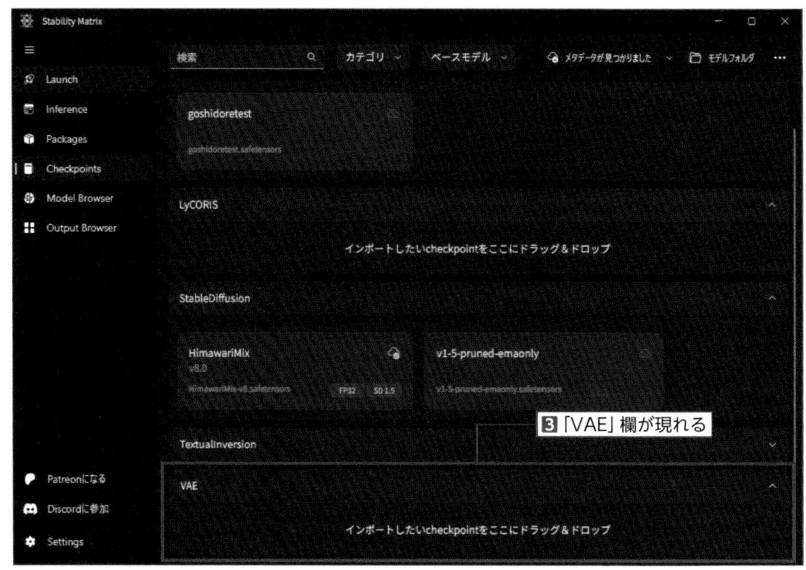

図1.40　VAEの設置

（3）図1.39 のように追加できたら、WebUIの画面左上の「Stable Diffusion checkpoint」リストの横にあるリスト更新ボタン をクリックするとプルダウンから「HimawariMix-v8.safetensors」を選択できるようになります（図1.41）。「HimawariMix-v8.safetensors」を選択したら準備完了です。

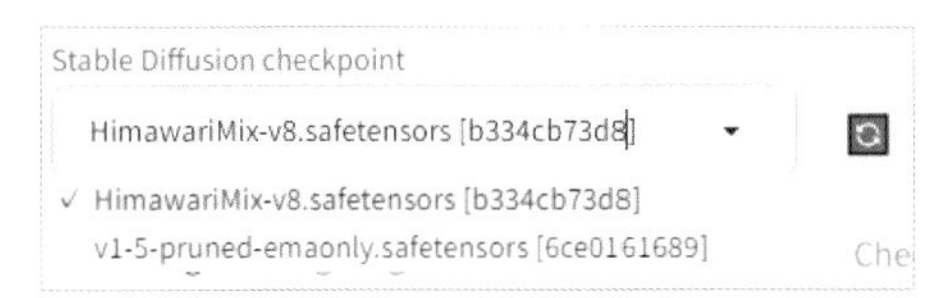

図1.41 プルダウンから「HimawariMix-v8.safetensors」を選択

WebUIの日本語化

問題なくUIが表示されたら日本語化拡張機能を導入します。この手順は、通常のインストール方法と簡易版のインストール方法のどちらを選んでも同じです。

Tips

将来的に別の拡張機能をインストールするときもこの作業を行います。手順をマスターしておきましょう。

手順1　拡張機能のインストール

（1）画面右上の「Extensions」タブを開き、「Install from URL」タブを開きます（図1.42）。

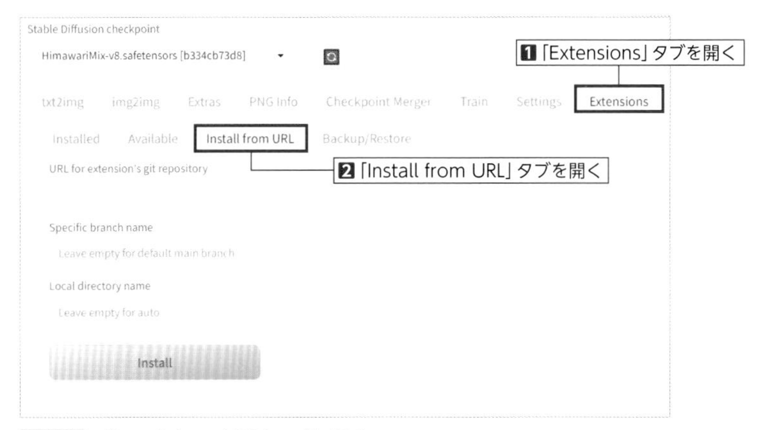

図1.42 「Install from URL」タブを開く

(2)「URL for extension's git repository」の入力欄に、次に示している「stable-diffusion-webui-localization-ja_JP」のURLを入れて「Install」ボタンをクリックすると、拡張機能の導入が始まります（図1.43）。

```
https://github.com/L4Ph/stable-diffusion-webui-
localization-ja_JP
```

QR **Katsuyuki-Karasawa/stable-diffusion-webui-localization-ja_JP | GitHub**
https://github.com/Katsuyuki-Karasawa/stable-diffusion-webui-localization-ja_JP

Tips

拡張機能のページに飛ぶと、ほとんどの場合トップページ下部にREADME（リードミー・取扱説明書）が記載されています。使用方法や利用規約が書かれているためインストール前に必ず読むようにしてください。

図1.43　拡張機能の導入

インストールが完了すると、「Install」ボタンの下に「Installed into ...」という文字が表示されます（図1.44）。

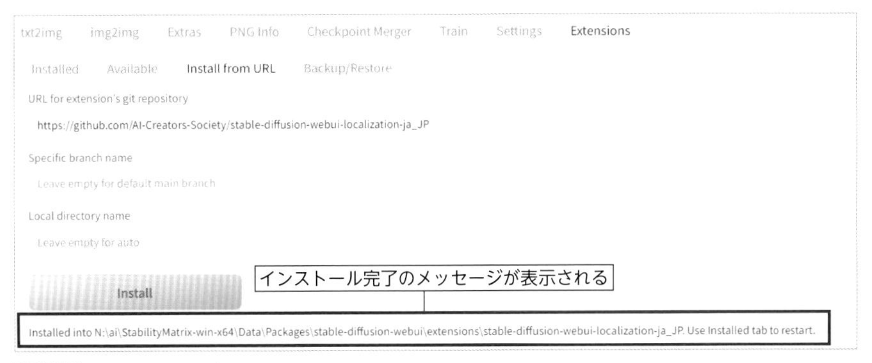

図1.44 インストール完了

（3）「Settings」タブの「Reload UI」ボタンをクリックして更新します（**図1.45**）。

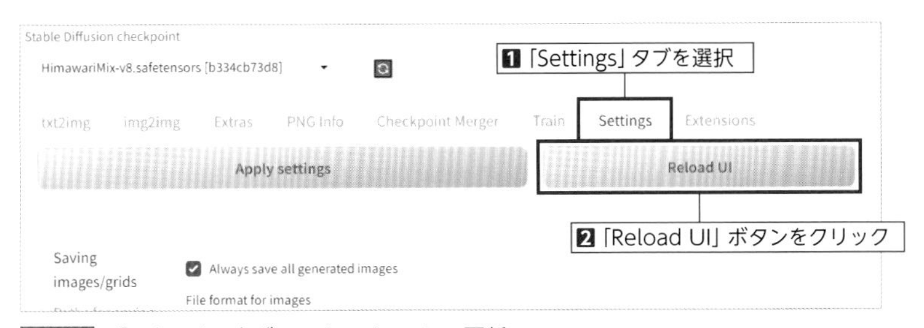

図1.45 「Reload UI」ボタンをクリックして更新

手順2 日本語化の設定

（1）更新後、「Settings」タブの左側のメニューにある「Bilingual Localization」を開き、「Enable Bilingual Localization」にチェックがあることを確認したら、「Localization file」のプルダウンで「ja_JP」を選択します（**図1.46**）。

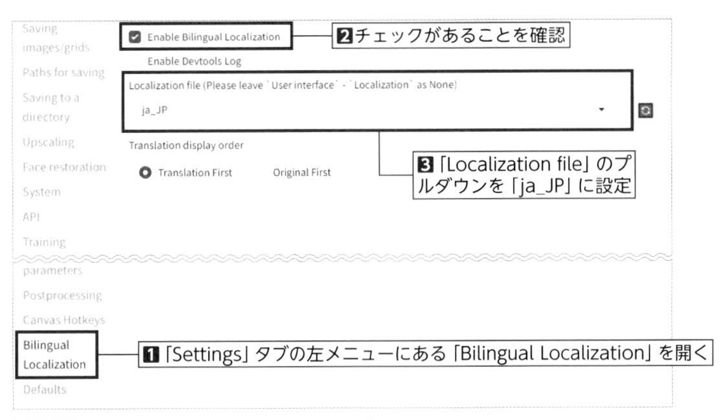

図1.46 「Bilingual Localization」の設定

（2）最後に、画面上部の「Apply settings」ボタンをクリックし、「Reload UI」ボタンをクリックすれば日本語化は完了です（図1.47）。

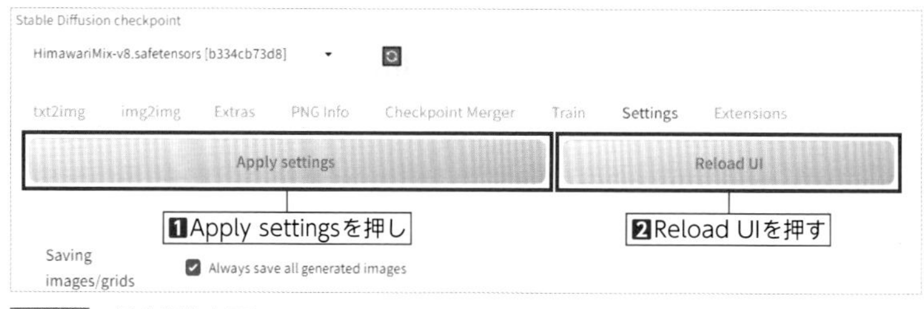

図1.47　日本語化完了

次のような画面になれば、正しく日本語化されています（図1.48）。

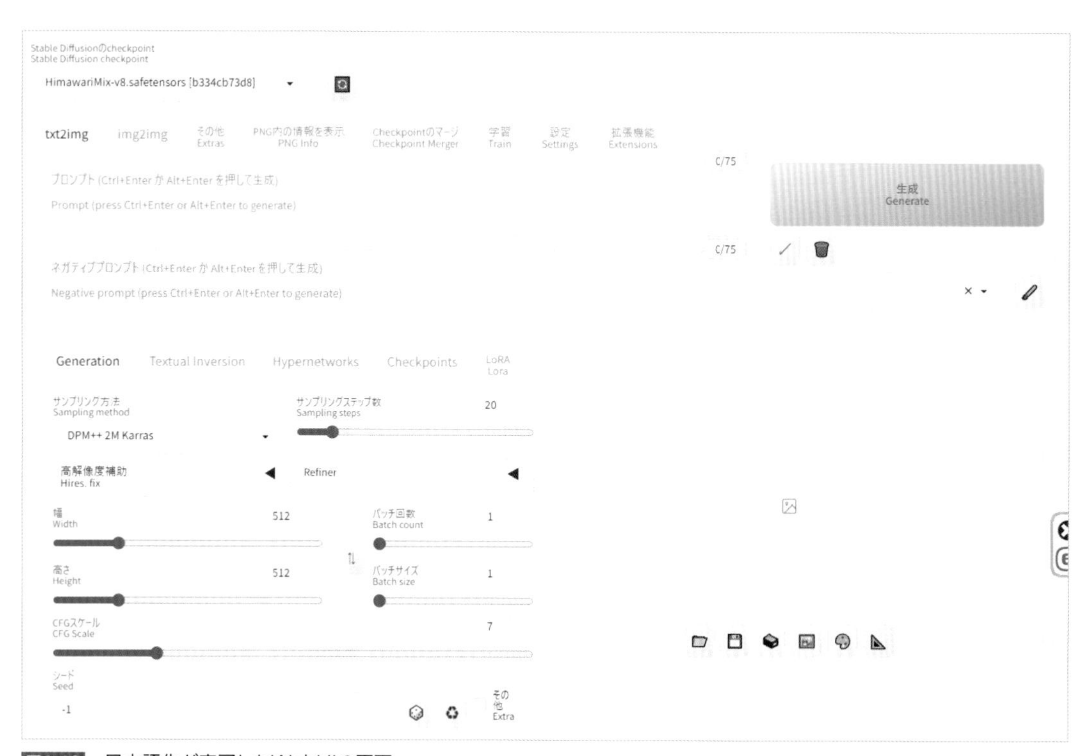

図1.48　日本語化が完了したWebUIの画面

Tips

うまく日本語化されていない場合は、WebUIを一度終了し、再度起動すると解消することがあります。

txt2img機能を使用した画像生成

日本語化が完了して起動が確認できたら 図1.49 のような画面が表示されるはずです。

初期画面では各種メニュータブの左端にある「txt2img」(テキスト・トゥ・イメージ) が選択されています。これはプロンプトと呼ばれる文章から画像を生成する手法のことを言います。

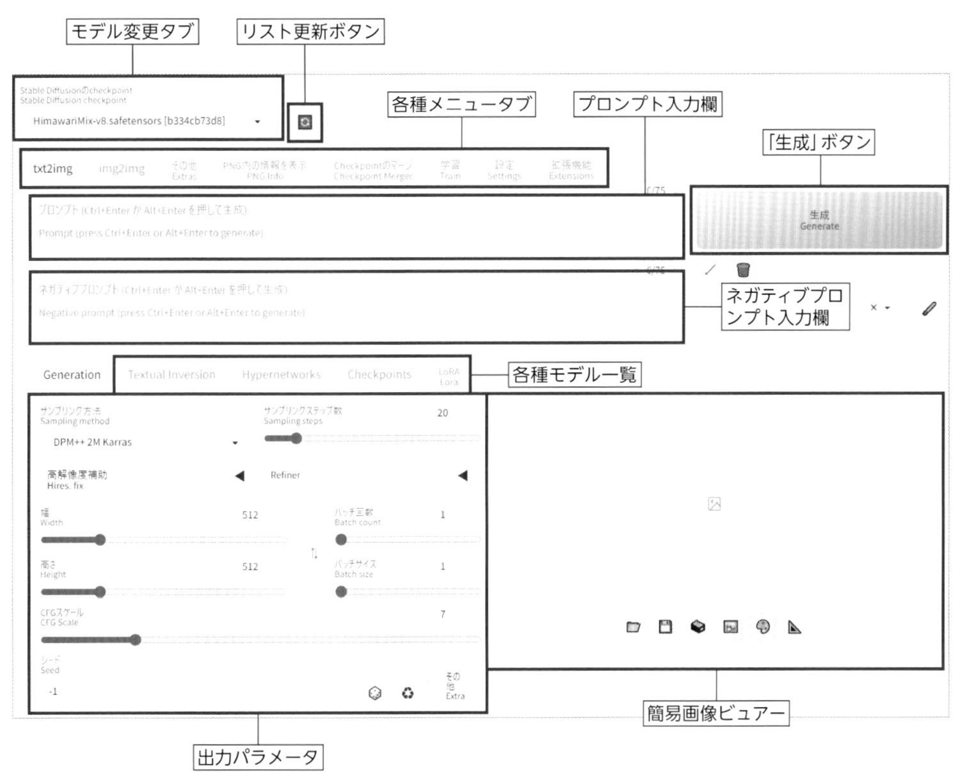

図1.49 WebUIの画面構成

それでは実際に生成してみましょう。

まず、左上の「Stable Diffusionのcheckpoint」プルダウンを操作して「HimawariMix-v8.safetensors」が選択されているか確認しましょう。ボタンはリスト更新ボタンです。モデルがプルダウンに表示されていないときにクリックすると、再度リストを読み込みます (図1.50)。モデルが正しく選択されていることが確認できたら、

「生成」ボタンをクリックします。

Stable Diffusionのcheckpoint
Stable Diffusion checkpoint
HimawariMix-v8.safetensors [b334cb73d8]

図1.50　モデルの確認

図1.51　プロンプトに何も入力しないときの出力例

　画像生成AIは、文章の指示がない場合は **図1.51** の出力例のように曖昧な画像しか出力しません。逆に、プロンプトで具体的なものが与えられると、より明確な画像を生成します。

　たとえば、「プロンプト」と書かれた部分に「1girl」と入力することで（**図1.52**）、画像生成AIが出力すべきものを認識し、適切な画像を出力できるようになります

（図1.53）。

図1.52　「プロンプト」に「1girl」を指定

図1.53　プロンプトに「1girl」と入力したときの出力例

このように、先ほどよりもはっきりとした画像が出力されるはずです。これは、AIが「1girl,」というプロンプトによって、「一人の女の子を書きなさい」という具体的な指示を得たからです。一般にプロンプトは詳細であればあるほど明瞭な画像が出力されます。

それではさらに指示を追加してみましょう。次のようにプロンプト入力欄に入力してみてください。

```
1girl, shirt, denim shorts, short hair, indoors
```

この指定は「女子1名、シャツ、デニムパンツ、ショートヘア、室内」という意味です。すると、室内でシャツとデニムパンツを着たショートカットの女性が出力されるはずです（図1.54）。

図1.54　プロンプトに詳細な指定を与えたときの出力例

詳細な指示を与えたので、先ほどよりもさらにはっきりとした画像が出力されました。

VAEの適用

Tips

VAEを配置しているのに色味の薄い画像が出力され続ける場合はVAEを常に使用するように設定します。「設定」タブから「VAE」メニューを選択し、中央のプルダウンから「vae-ft-mse-840000-ema-pruned.safetensors」を選択し、「設定を適用」をクリックすれば完了です（図1.55）。

図1.55　VAEの適用

画像生成のパラメータ

次に画像生成のパラメータを説明します（図1.56）。

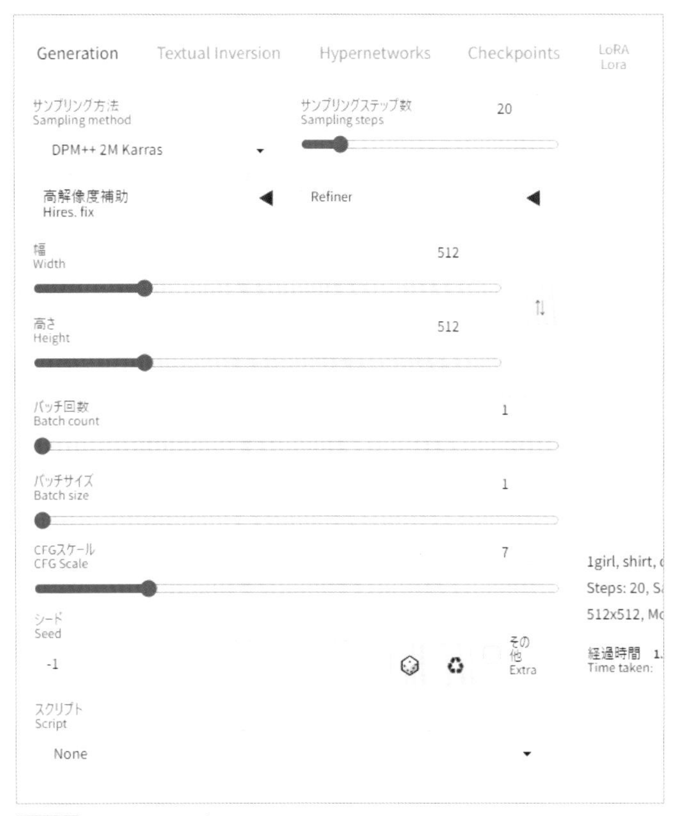

図1.56　画像生成のパラメータ

パラメータは画像生成AIの生成内容を微調整するために使います。

サンプリング方法

画像生成AIが画像を出力する方法を決めるためのサンプラーは、同じプロンプトでもサンプラーごとに出力内容が変わり、生成速度も変わります。また、モデルによっては、推奨されるサンプラーが設定されている場合もありますが、基本的には好みに合わせて使用してください。

一般的に以下の４つのサンプラーがよく使われます。

1. Euler a
2. Euler
3. DPM++ 2M Karras
4. DPM++ SDE Karras

それぞれのサンプラーでは出力結果が異なります。サンプラーの比較をした場合の例を次に示します（図1.57）。

本書では、主にDPM++ 2M Karrasを使用して画像を生成します。

図1.57　サンプラーの比較

サンプリングステップ数

　サンプリングステップ数は、サンプラーを何回動かすかを設定するもので、通常は20〜50程度が目安です。以下に、ステップ数の違いで出力画像がどのように変わるか比較したものを示します（図1.58）。モデルやサンプラーによっては、推奨ステップ数が設定されている場合があります。

図1.58　サンプリングステップ数の比較

　Step:1のようにステップ数が低すぎると、絵が生成されない場合があります。逆にStep:25からStep:50では倍のステップ数でも書き込み量があまり変わりません。この場合、Step:50を行うのは時間の無駄となります。本書では、主に30ステップで生成を行います。

高解像度補助

これは画像を拡大しつつ書き込み量を増やす機能です。この機能については第4章の「高画質化で書き込みを増やす」(96ページ)で詳しく解説します。

Refiner

これはSDXL系の生成モデルで実装された、画像を出力する途中で別のモデルに切り替える2段階の生成を行い品質の向上を狙う機能です。本書ではこの機能については割愛します。

幅と高さ

生成する画像の幅と高さを設定することができます。基本的には512×512ピクセルの正方形、720×512ピクセルの横長、512×720ピクセルの縦長がよく使われます。直接大きなサイズを指定すると、生成時間が伸びたり、画像の品質が低下したりすることがあります。そのため、前述の高解像度補助を利用して拡大するのが一般的です。モデルによって推奨値が設定されている場合もあります。

バッチ回数

バッチ回数は、生成を何回繰り返すかを設定します。たとえば、10と設定すると、10回生成を繰り返します。

バッチサイズ

バッチサイズは、一度に出力する画像の枚数を設定します。この値を上げると徐々に生成速度が下がるため速度に納得できる数値を探してください。上記のバッチ回数と組み合わせて使うと効率よく画像が生成できます。たとえば次のようにバッチ回数とバッチサイズを設定してみます。

1. **バッチ回数10・バッチサイズ1**
2. **バッチ回数5・バッチサイズ2**

この条件で速度を競うと、ほとんどの場合は2のほうが早く生成が終わります。

バッチサイズを増やすと専用GPUメモリの使用量が増えていきます。本書執筆時点では専用GPUメモリの値を超えそうになると、GPUのドライバーが最新の場合、共用GPUメモリに一部のデータを移動し処理を継続しようとしますが、生成時間が数倍以上に伸びて時間の浪費となります。生成時間がいつもより長いと感じたら、バッチサイズの値や後述する高解像度補助の倍率を下げて専用GPUメモリの使用率を調整しましょう。

CFGスケール

CFGスケールはどの程度AIがプロンプトに従うかを決定します。数字が高いとプロンプトに強く従います。逆に数字が低いと、プロンプトに弱く従うようになります。

シード

シードは、画像生成に使用する値です。-1に設定するとランダムに設定されます。同じプロンプトとパラメータを使用している場合、シードを固定することで同じ画像を生成することができます。

スクリプト

特殊な生成を行う際に使用します。本書では第4章の「LoRAでオリジナルキャラをAIに覚えさせる」(118ページ) で一部を解説します。

以上のパラメータを適切に設定することにより、出力する画像の微調整が可能です。

コラム

img2img機能を使った画像生成

img2img (イメージ・トゥ・イメージ) は、テキストから画像を生成する手法であるtxt2imgに、画像を入力する機能を加えたものです。img2imgでは元となる画像の色彩情報を元に構図や特性を維持しつつ、プロンプトに基づいて画像を出力できます。

元画像に他人の著作物を使用する場合、生成された画像をSNSなどで公開すると著作権侵害を問われる可能性があります。私的利用の範囲にとどめるか、自身の著作物を使用するようにしましょう。

なお、画像を入力できるという特性を生かして、元画像のプロンプト解析が可能です。解析方法については第2章の「プロンプトの探し方」(61ページ) で解説します。

2

プロンプトを駆使した画像生成

この章では、生成モデルに出力内容を指示する「プロンプト」について解説します。プロンプトの基本的な書き方や使い方、プロンプトの最適化手法について説明したうえで、強調表現を用いて細かい指示を伝えるためのテクニックも解説します。それぞれのテクニックの特性や効果も紹介しています。

プロンプトとは

プロンプト（Prompt）とは、画像生成AIに指示を出すための文字列や文章の総称です。たとえば前章では「1girl, shirt, denim pants, short hair, in room」という文字列で画像出力を行いました。これがプロンプトです。

プロンプトの作成方法には大きく分けて２つの方式があります。特定の名称が決まっているわけではありませんが、本書では「タグ方式」と「CLIP方式」と呼ぶことにします。

タグ方式とCLIP方式

タグ方式では、画像生成AIへの指示に使う英単語をカンマ（,）で区切り入力します。この方式は画像生成で一般的に使われており、人間に理解しやすく、記述しやすいという利点があります。たとえば、「1girl, shirt, denim pants, short hair, in room」というプロンプトを見ると、「1人の女の子、シャツ、デニムパンツ、ショートヘア、室内」とどのような要素が画像に含まれるかが一目瞭然です。何か要素を追加したい場合も、新しい英単語をカンマ区切りで追加するだけですみます。

CLIP方式（キャプション方式）では、画像生成AIへの指示を文章で指定します。タグ方式での「1girl, shirt, denim pants, short hair, in room」は「1人のショートヘアの女の子がシャツを着てデニムのパンツを履いて部屋にいる」と解釈できます。これを英訳すると「Woman in a white shirt and denim pants in a room」となります。この方式のメリットは、タグ方式で表現するのが難しいような抽象的または詳細な指示が可能になることです。

Tips

CLIP方式による生成においては英文としての正しさよりも、望んだ形で出力できるかが重要です。もしも、翻訳した文章で出力がうまくいかない場合は、あえて文章を崩してみてもよいでしょう。

たとえば、背景として綺麗な夜景を出力したいと考えたときに、「色とりどりの光と幾重にも重なる雲に覆われた美しい夜景」が欲しいとします。これをそのまま英訳すると次のとおりになります。

```
night with bright colorful lights with richly layered clouds and
a clouded town in the detailed sky
```

この英文をプロンプトとして使用すると、より具体的な背景や環境を指定できます（図2.1）。このような複雑な概念はタグ方式だけでは表現が難しく、CLIP方式の強みがあります。

タグ方式とCLIP方式の２つの方式を組み合わせて使うこともできます。たとえば、タグ方式の「1girl, shirt, denim pants, short hair, in room」という指定の後ろに、「night with bright colorful lights with richly layered clouds and a clouded town in the detailed sky」というCLIP方式の指定を追加します。

図2.1　CLIP方式は細やかな指定が可能

最終的なプロンプトは次のようになります。

タグ方式

```
1girl, shirt, denim pants, short hair, in room, night with bright
colorful lights with richly layered clouds and a clouded town in
the detailed sky
```

CLIP方式

このように記述すると、タグ方式では表現が難しい要素を含んだ画像を生成できます。生成された画像を確認してみましょう（図2.2）。

Tips

各要素は相互に影響を及ぼしているため、適切に区切ることにより、想定外の影響（茶髪の子に赤色の服を着せるつもりだったが、赤髪の女の子になる）を減らすことができます。タグ方式とCLIP方式の間、CLIP方式とCLIP方式の間など各要素の境目はカンマで区切るようにしましょう。

図2.2　タグ方式とCLIP方式の2つの方式を組み合わせて画像生成

タグ方式で指定した女の子が室内にいます。そして、窓から見える景色がCLIP方式により生成されてうまく調和した画像が出力されています。

ポジティブプロンプト・ネガティブプロンプトの書き方

ここまでの説明では、WebUIに設置された2つのプロンプト入力欄のうち、上側の「**プロンプト**」と記された入力欄のみを利用してきました（**図2.3**）。

図2.3 プロンプトとネガティブプロンプト

よく見ると下側の入力欄には「**ネガティブプロンプト**」と書かれています。英語も併記されていて「Negative prompt」とあります（ちなみに、ネガティブプロンプトは「**ネガプロ**」と略して呼ばれることもあります）。

ネガティブプロンプトは、指定したプロンプトから希望しない要素を排除するときに使います。たとえば、砂浜の画像を出力する場合に、ヤシの木を出力したくないとします。その際はネガティブプロンプトに「ヤシの木」と入力するとヤシの木が出力されにくくなります。

Tips

通常、「プロンプト」と言えば上側の入力欄に指定する内容を指しますが、ネガティブプロンプトと区別したいときに、上側のプロンプトを「**ポジティブプロンプト**」と呼ぶことが多いです。

ネガティブプロンプトへ入力する内容としては、品質向上のための各種ワードに加えて要素に含めたくない髪型、服装、背景要素などが多く、生成される画像をより自分の好みに近いものに調整できるようになります。

よく用いられるネガティブプロンプトとして次のものがあります。

- worst quality …… 最低品質
- low quality …… 低品質
- lowres …… 低解像度
- monochrome …… モノクロ
- greyscale …… グレースケール
- comic …… コミック
- sketch …… スケッチ

前半の「worst quality（最低品質）」「low quality（低品質）」「lowres（低解像度）」は**クオリティタグ**などと呼ばれ、絵の品質に関係するキーワードです。これらをネガティブプロンプトに入力するとイラストとして完成度の高い画像が出力されます。

後半の「monochrome（モノクロ）」「greyscale（グレースケール）」「comic（コミック）」「sketch（スケッチ）」は、カラーの画像を出力する際によく入力されるタグです。

これらの要素はカラー画像を出力するときには不要な要素のため、ネガティブプロンプトに指定して抑制すると、カラー画像のクオリティアップにつながります[*1]。

それでは実際にネガティブプロンプトを使用して先ほどの画像と出力条件を同じにして出力結果を見比べてみましょう。図2.4は「ネガティブプロンプトなし」の画像で、図2.5は「ネガティブプロンプトあり」の画像です。今回は次のネガティブプロンプトを使用しました。

```
worst quality, low quality, lowres, monochrome, greyscale, comic,
sketch
```

図2.4と図2.5を比較するとわかるように、人物の質感が上がり、雲や街並みのような背景のディテールが向上しました。ネガティブプロンプトの入力の仕方で出力される画像の質感が左右されるため、いわゆる書き手の個性のようなものが出てきます。納得のいく出力になるまで試行錯誤してみてください。

＊1　逆にモノクロ画像を出力したい場合はこれらのタグをポジティブプロンプトに書き込む必要があります。

図2.4　ネガティブプロンプトなし

図2.5　ネガティブプロンプトあり

強調表現の書き方

プロンプトを使い画像生成するときに、指定した要素が期待どおりに反映されない場合や、特定の要素の影響が強すぎる場合があります。

この問題に対処する方法の１つとして**強調表現**という手法があります。たとえば、「1girl, shirt, denim shorts, short hair, beach」というプロンプトで、「shirt」を強調したい場合に単語を選択し、Ctrl＋[↑] キーを押して「(shirt:1.1)」にすると、その要素が1.1倍強調されます。逆にCtrl＋[↓] キーを押せば「(shirt:0.9)」と数値が減り、強調表現を弱くすることも可能です。

注意

強調表現の数値

強調表現の数値は「0.1から2.0の間」で設定するよう推奨されています。数値を大きくしすぎると、出力画像が不自然になる可能性があるため、数値を調整して適切な値を探してください。また、数値に関しては、小数点第四位まで効果があるとされていますが、小数点第二位までの入力が一般的です。

プロンプトの順番にも意味があり、基本的に前方にあるプロンプトほど重要な要素だと認識されます。画像生成AIの内部優先度として人物描画の優先度が高く、背景の要素は比較的優先度が低いと言われています。そのため、プロンプトを構築する際は背景要素を前方に移動することにより背景の質感を高めることができます。

「1girl, shirt, denim shorts, short hair, beach」を例にとると、beachが背景となるので、「beach, 1girl, shirt, denim shorts, short hair」とすると比較的背景の質感が高い出力が得られます。

修正前

```
1girl, shirt, denim shorts, short hair, beach
```

修正後

```
beach, 1girl, shirt, denim shorts, short hair
```

プロンプトを修正し、豊かな表現にする

ここまでプロンプトの表現方法について解説してきましたが、プロンプトの構築を学ぶ場合、すでに構築されているプロンプトを参考にして修正を加えることが近道です。

現在、AI出力画像に特化した投稿プラットフォームがいくつか存在しており、その中で特に注目されているのが「chichi-pui」と「AIピクターズ」というサイトです。

QR **chichi-pui**
https://www.chichi-pui.com/

QR **AIピクターズ**
https://www.aipictors.com/

1
2
3
4
5
6

多数のユーザーがこの2つのサイトに出力画像を投稿しています。一部の投稿ではプロンプトも公開されています。お気に入りの作品を見つけたら、そのプロンプトを改変し、自分の好みの画像に近づけることでプロンプト構築のスキルが上がります。

プロンプト修正の流れ

それでは、投稿されている作品のプロンプトをベースにして、どのような思考ステップで構築していけばよいのかを解説していきます。今回は筆者が用意した画像（図2.7）が投稿されていたと仮定します。

WebUIにポジティブプロンプトとネガティブプロンプトを次のように入力します。

プロンプト

```
outdoors, detailed lighting, detailed tpwn, in crowd of people,
neon, Depth of field,
1girl, solo, full body, black long hair, happy, flat chestbest,
gothic dress, kneehighs boots, filigree
```

ネガティブプロンプト

```
worst quality, low quality, lowres, monochrome, greyscale, comic,
sketch
```

パラメータも次のように設定してください（図2.6）。使用するモデルは、第1章で説明した「HimawariMix-v8.safetensors」を使用します。

- **サンプリング方法**：DPM++ 2M Karras
- **サンプリングステップ数**：30
- **CFGスケール**：7
- **シード**：3074000262

図2.6　サンプル画像のパラメータ

一度生成してみて図2.7のような画像が生成されれば問題ありません。今回はネガティブプロンプトは触らず、ポジティブプロンプトのみを修正していきます。

図2.7 ゴシックドレスちゃん

※ この画像は見やすくするため、4章で解説する高解像度補助の処理を行った画像です。ここまでの解説の通りに生成すると実際には画質が荒い画像が生成されます

それでは実際に修正をしてみましょう。

タグ方式の場合

手順1 まず 図2.7 の絵を見て、どのように改善したいかを考えます。今回は「ゴシック建築の中にいてほしい」とします。「in〜」が〜の中にいるという意味のため、「in Gothic architecture,」がゴシック建築の中という意味になります。

手順2 プロンプトを確認し、背景を指定している「outdoor,」を削除し、「in crowd of people」を「in Gothic architecture,」に書き換えます。これで、ゴシック建築の中にいる可能性が高まります。

修正前 プロンプト一部抜粋

```
outdoors, detailed lighting, detailed tpwn, in crowd of people,
neon, Depth of field, 1girl, solo, full body, black long hair,
happy, flat chestbest, gothic dress, kneehighs boots, filigree
```

修正後

```
detailed lighting, detailed tpwn, in Gothic architecture, neon,
Depth of field, 1girl, solo, full body, black long hair, happy,
flat chestbest, gothic dress, kneehighs boots, filigree
```

手順3　何枚かの画像を出力し、希望どおりにゴシック建築の中にいるように改善されたか確認します（図2.8）。

タグ方式出力例

図2.8　ゴシック建築の中のゴシックドレスちゃん

CLIP方式の場合

前項の「タグ方式の場合」を実行した場合は、53ページを参考に、再度プロンプトをコピー＆ペーストしてください。

手順1 まず 図2.7 の絵を見て、どのように改善したいかを考えます。今回は「教会の中で祈りをささげてほしい」とします。

手順2 「教会で祈りをささげる」を翻訳します＊2。「Prayer in a church」となります。

手順3 プロンプトでは背景と姿勢と構図の指定が含まれているため、背景指定の「outdoors,」と、姿勢と構図を示す「full body,」（全身表示）を削除し、「in crowd of people」を「Prayer in a church」に書き換えます。

手順4 何枚か画像を出力して、教会で祈りをささげる絵が出力されるか確認します（図2.9）。

修正前 プロンプト一部抜粋

```
outdoors, detailed lighting, detailed tpwn, in crowd of people,
neon, Depth of field,1girl, solo, full body, black long hair,
happy, flat chestbest, gothic dress, kneehighs boots, filigree
```

修正後

```
detailed lighting, detailed tpwn, Prayer in a church, neon, Depth
of field, 1girl, solo, black long hair, happy, flat chestbest,
gothic dress, kneehighs boots, filigree
```


＊2 日本語を英語に翻訳するときは、DeepLやGoogle翻訳などを試してみてください。
DeepL https://www.deepl.com/ja/translator
Google翻訳 https://translate.google.co.jp/?hl=ja&sl=ja&tl=en&op=translate

CLIP方式出力例

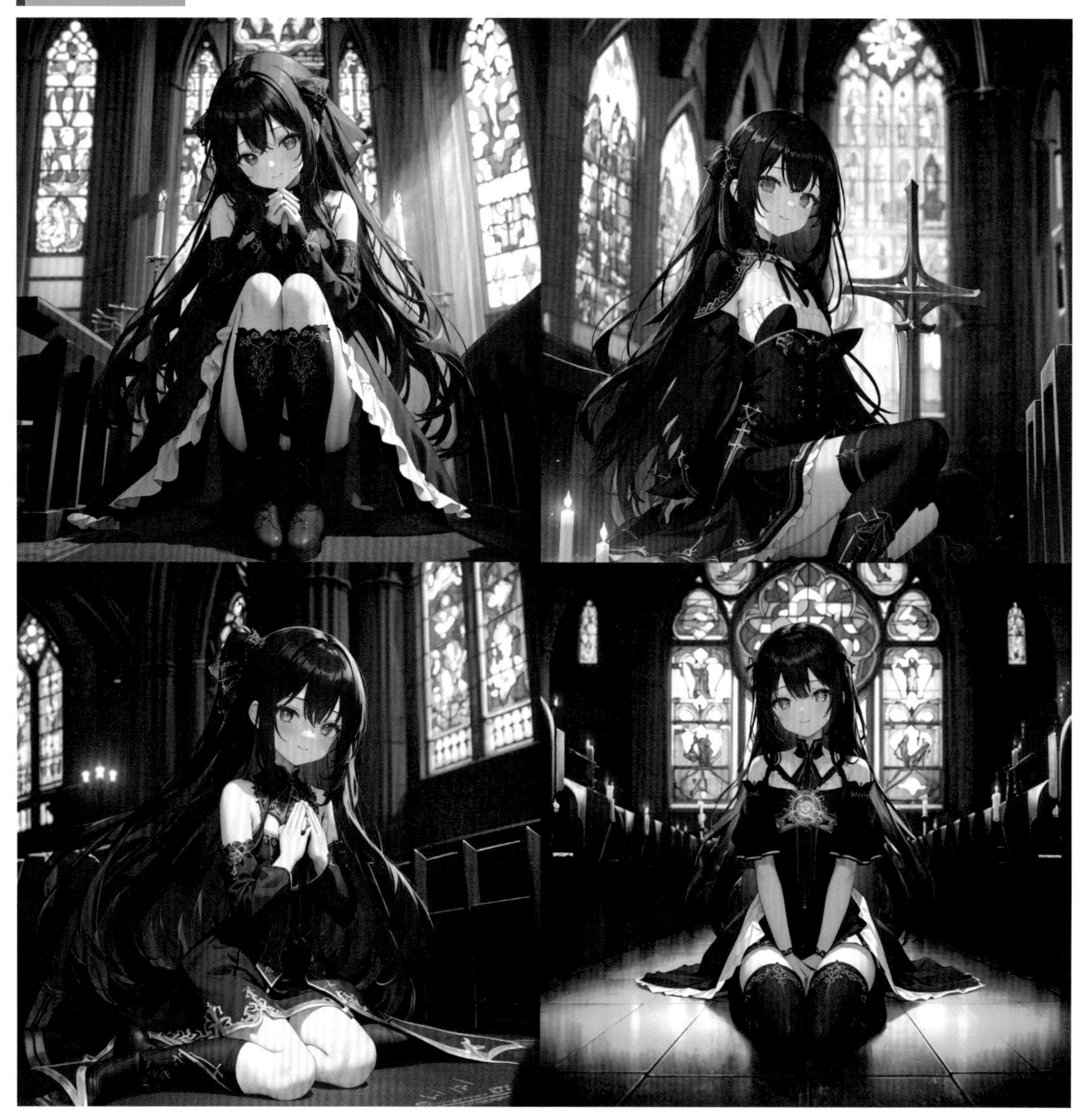

図2.9　教会で祈りをささげているゴシックドレスちゃん

強調表現の場合

CLIP方式で出力した際に、教会の要素は強く出ていましたが、祈りの要素が不足しているように感じます。CLIPの一部を強調することも可能です。今回は、より祈りの要素を強調するために、次の手順を試してみましょう。

手順1 「Prayer in a church」の「Prayer」を選択し、Ctrl＋[↑] キーを5回押し、「(Prayer:1.5) in a church」とします。

手順2 数枚の画像を出力して、祈る様子が強く表現されていることを確認しましょう（図2.10）。

修正前

```
detailed lighting, detailed tpwn, Prayer in a church, neon, Depth
of field, 1girl, solo, black long hair, happy, flat chestbest,
gothic dress, kneehighs boots, filigree
```

修正後

```
detailed lighting, detailed tpwn, (Prayer:1.5) in a church,
neon, Depth of field, 1girl, solo,black long hair, happy, flat
chestbest, gothic dress, kneehighs boots, filigree
```

強調表示出力例

図2.10　教会で真剣に祈りをささげているゴシックドレスちゃん

プロンプトの探し方

これまでの説明でプロンプトの活用方法は理解できたと思います。プロンプトを投稿サイトから探す方法を紹介しましたが、それ以外にも2つの方法があります。

1つは、プロンプトを集めたブログを探して、それを参考にする方法です。画像生成サービスの「NovelAI」用にまとめられたプロンプト集や、プロンプトの効果解説をしているサイトがたくさんあります。これらを参考にして生成することで、作業効率を高めることができます。

もう1つは、参考にしたい画像を解析することです。「img2img」タブの「生成」ボタンの横にある2つの解析ボタンを使い、指定した画像を解析することができます（図2.11）。

手順1　「img2img」タブをクリックします。

手順2　解析したい画像を左下の画像読み込みボックスにドラッグ＆ドロップするか、クリックしてファイル選択ダイアログで選択します。

手順3　「生成」ボタン下部の「ダンボール」ボタンか「クリップ」ボタンをクリックします。

手順4　解析されたCLIPか、解析されたタグがプロンプト入力欄に挿入されます。

コラム

プロンプトのまとめサイト

プロンプトをまとめたサイトを探すには、次のような文言で検索してみるとよいでしょう。

「novelai プロンプトまとめ」
「stable diffusion プロンプト まとめ」

どのまとめサイトもそうですが、あらゆる種類のプロンプトを網羅しているわけではありません。

また、使用するモデルによっては、記載されているプロンプトの効果が見込めない場合があります。実際に自分のモデルで効果があるかどうかは生成してみるまではわかりません。

この2点に留意して、さまざまなサイトを訪れてみてください。

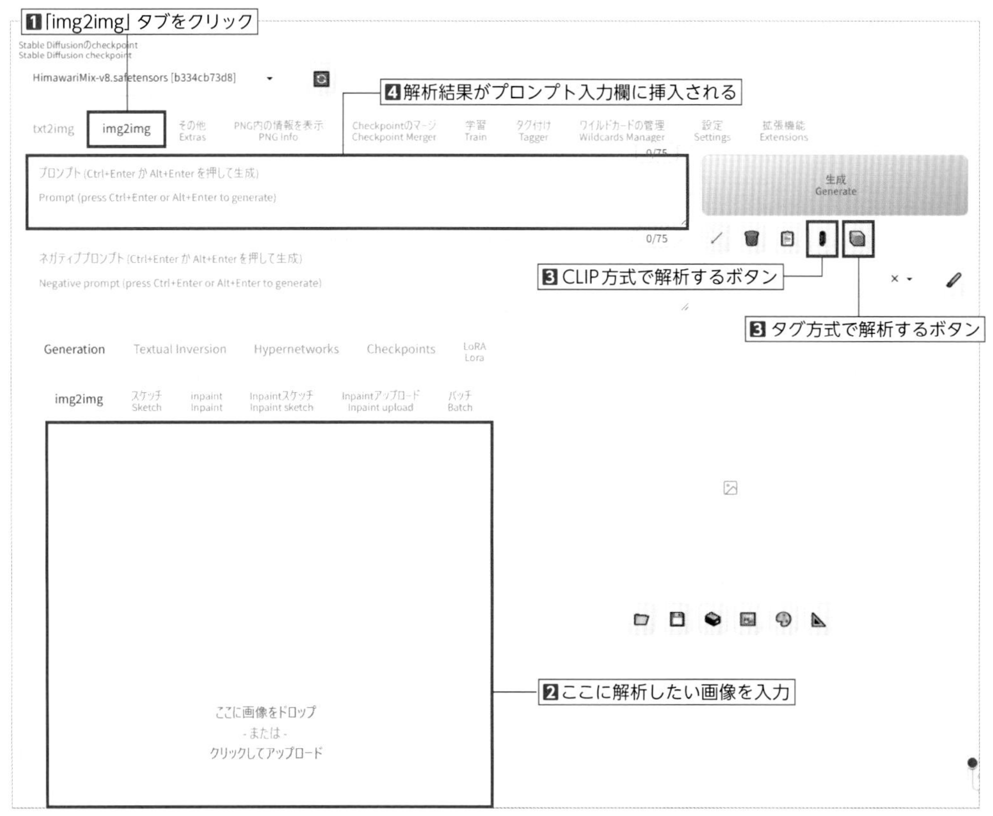

図2.11　画像の解析方法

ある要素をどのように表現していいかわからないときに、この解析機能を使うとプロンプトのヒントが得られて有益です。

また、過去に出力した画像のプロンプトが思い出せないときなどに、「PNG内の情報を表示」タブを開いて画像を入力すると、画像内部に保存されている生成情報を確認できます（図2.12）。

なお、出力後にレタッチなどの編集を加えている画像は内部情報が破損していることがあり、生成情報を確認できないことがあります。必ず加工前のオリジナル画像を入力するようにしてください。

図2.12 「PNG内の情報を表示」で生成情報を確認

元画像がなくてもすでにある程度構想が固まっている場合は、翻訳アプリを使用する方法もあります。「桜、お花見、公園、野外、女の子、団子」と要素を羅列して翻訳すると「cherry blossom, hanami, park, outdoors, girl, dumpling」となります。このまま生成を行えば希望の要素を含んだ画像が生成されます（**図2.13**）。

図2.13 翻訳アプリを活用して画像を生成

特殊なキーワード

ここまでで、プロンプトの基本的な構築方法について解説を行いました。最後にプロンプトではないものの、プロンプト欄に入力することで効果を発揮する「**Textual Inversion**」（以下、TI）と「**LoRA**（Low-RankAdap tation）モデル」を解説します。どちらも特定の要素を強調するように学習が行われた追加学習モデルです。事前にこれらのモデルを用意しておくと、生成時に呼び出し用のキーワードをプロンプト欄に入力することで使用可能です。たとえば、TIのキーワードはプロンプト入力欄に入力するだけでその効果が発揮されます。

具体的な用途としては、TIは特定の概念を強調したい場合に使用されます。主な活用例としては、ネガティブプロンプトの改善や、AIによる画像生成の際にしばしば問題となる「手や指の異常」を改善する目的で使われます。また、特定のポーズや状況のように言語化が難しい概念をTIとして定義することもあります。

一方で、LoRAは特定の概念やオブジェクトを忠実に再現したいときに使用されます。たとえば、髪飾りが一般的なリボンや花でなく、紙コップやフォークをモチーフとした髪飾りのように特異なものである場合、それを「紙コップ髪飾りLoRA」として再現できます。

TIやLoRAの作成には高いPCスペックが求められますが、有志によって作成された学習データは無料でネット上に公開されています。特におすすめなのは、検索やフィルター機能が充実した「**Civitai**」というサイトです。

Stability Matrixを使用してインストールした場合、ランチャーの左メニューの「Model Browser」タブから直接Civitaiにアクセスでき、ワンボタンでインポートも可能です（図2.14）。

ただし、Civitaiのサーバーは不安定なことが多いため、Model Browserの検索結果に現れないことや、ダウンロードが進まない場合があります。その際は直接Civitaiのサイトからダウンロードし手動でインポートしてください。

図2.14　Stability MatrixでCivitaiにアクセス

Textual Inversionの使用方法

今回は、TIの中でも人気のある「EasyNegative」を使ってみます。

EasyNegativeはネガティブプロンプトの圧縮パックのようなもので、導入するとネガティブプロンプトに「EasyNegative」とひと言加えるだけで、画像の品質が上がります。

Stability Matrixを使用している場合は、「Model Browser」タブで「EasyNegative」を検索してから、「インポート」ボタンをクリックしてください（図2.15）。

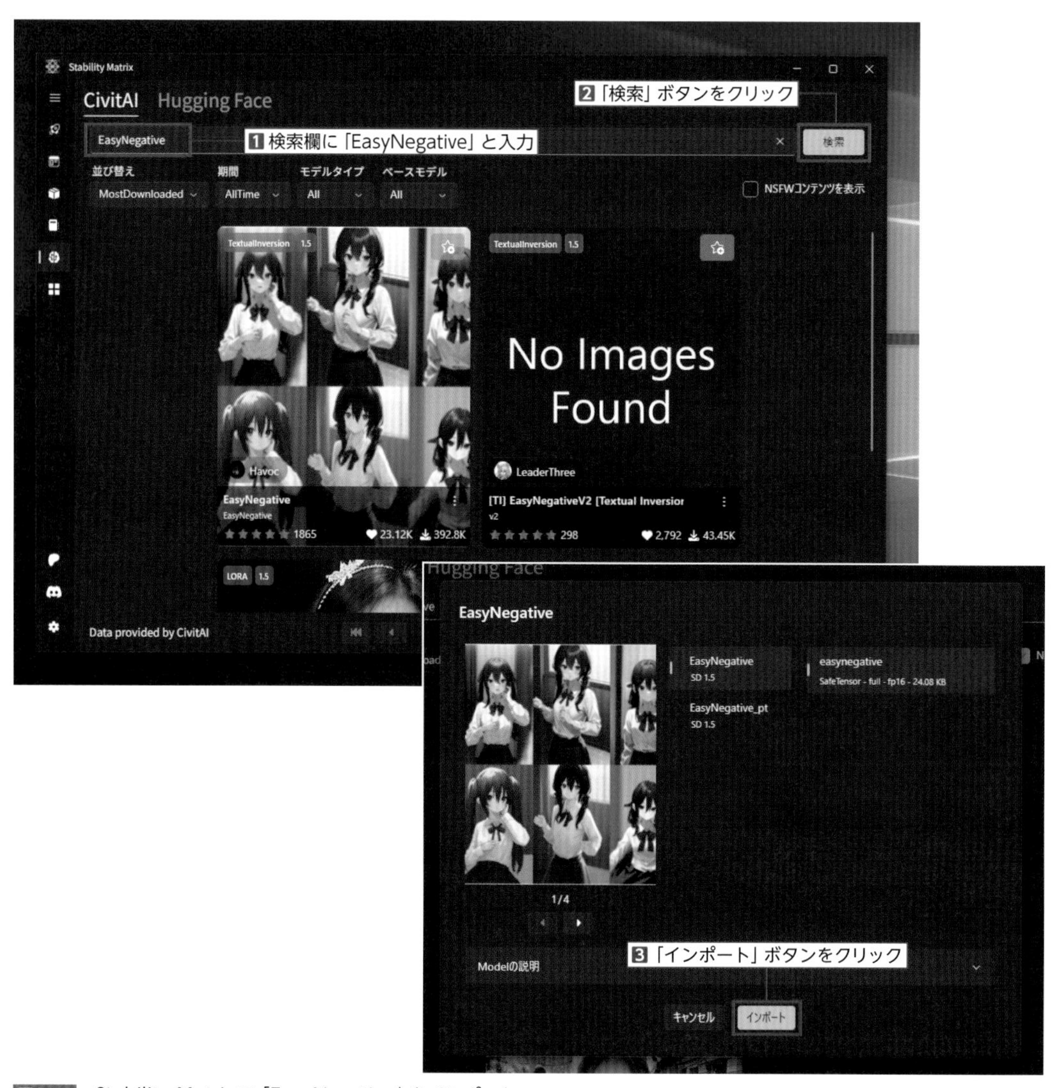

図2.15　Stability Matrixで「EasyNegative」をインポート

手動でインポートする場合は、次のCivitaiの配布ページを開き、画面右側に表示されるダウンロードボタンをクリックしてください（図2.16）。

QR EasyNegative　Civitai
https://civitai.com/models/7808/easynegative

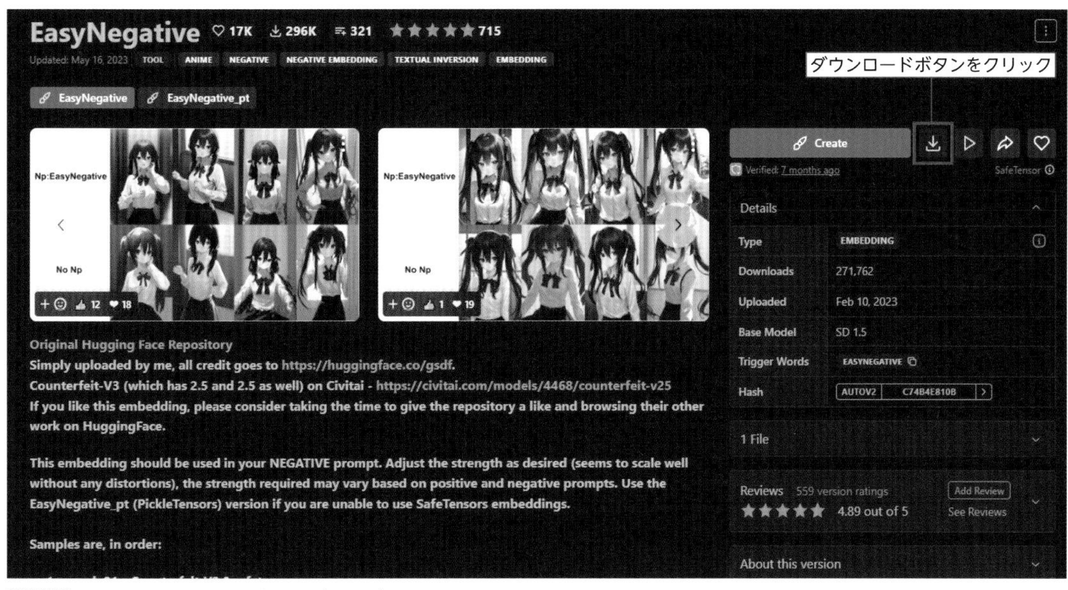

図2.16 EasyNegativeを配布ページからダウンロード

手動ダウンロードが完了したら、そのデータを「stable-diffusion-webui」フォルダ内の「embeddings」サブフォルダに移動します（**図2.17**）。Stability Matrixの場合は、Data\Models\TextualInversionに置きます。

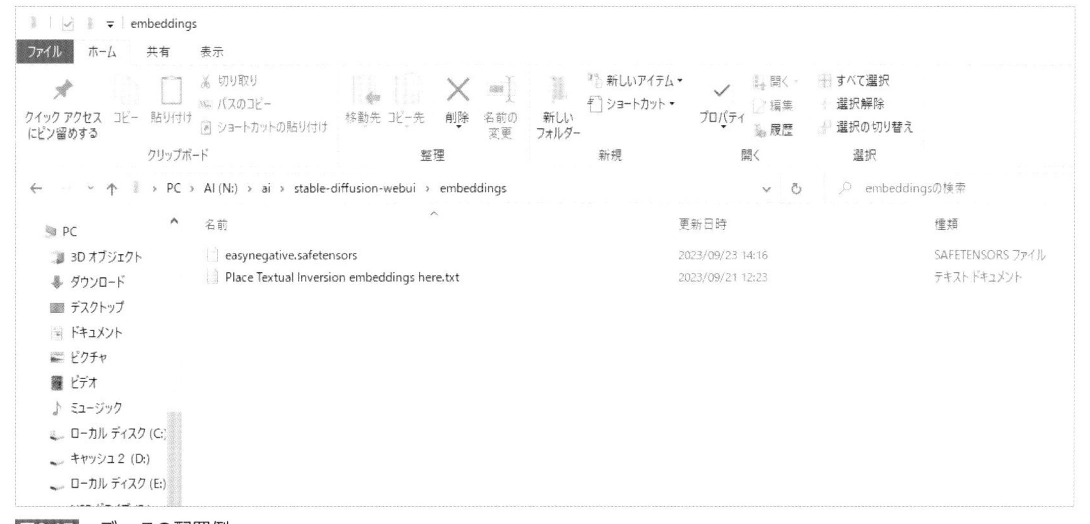

図2.17 データの配置例

WebUIを開いたら、比較のために一般的なプロンプトを入力し、画像を１つ生成しておきましょう。今回は、「1girl, shirt, denim shorts, short hair, beach」というプロンプトを使用しています（図2.18）。

図2.18　EasyNegativeなし

次にEasyNegativeの適用手順を確認します（図2.19）。

手順1　ネガティブプロンプトの入力欄をクリックして編集可能な状態にします。

手順2　画面中央にある、「Textual Inversion」タブに移動し、「easynegative」と書かれたパネルがあることを確認します。Stability Matrixの場合は、ここでサムネイルが表示されることがあります。もし表示されていない場合は、「リフレッシュ」ボタンをクリックします。

手順3　続けて「easynegative」と書かれたパネルをクリックすると、ネガティブプロンプトに「EasyNegative」が自動的に挿入されます。

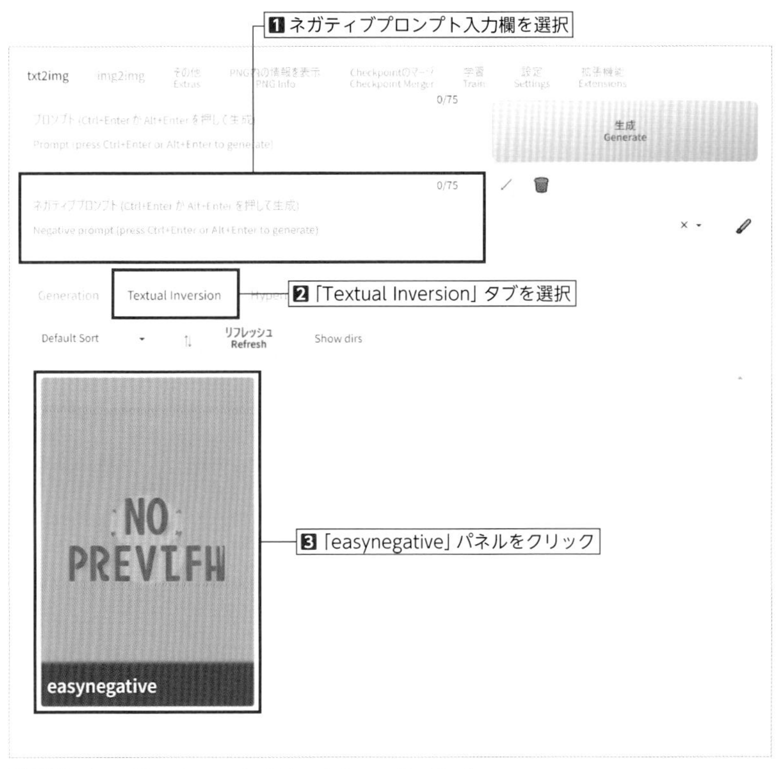

図2.19　EasyNegativeでネガティブプロンプトを生成

この設定で「生成」ボタンをクリックすると、EasyNegativeが適用された画像が出力されます（図2.20）。

図2.20　EasyNegativeあり

LoRAの使用方法

次に、書き込み感を強調するための「LoRA」を試してみましょう。

Stability Matrixを使っている場合は、先ほどのTextual Inversionのときと同様に「Model Browser」タブで「flat2」を検索してから、「直近のインポート」ボタンをクリックしてください。

手動でインポートする場合も同様に、以下のCivitaiの配布ページを開き、画面右側に表示されるダウンロードボタンをクリックしてください（図2.21）。

QR flat2　Civitai
https://civitai.com/models/81291/flat2

図2.21　LoRAを配布ページからダウンロード

ダウンロードが完了したら、そのデータを「stable-diffusion-webui」フォルダ内の「models」フォルダのサブフォルダ「Lora」に移動します（図2.22）。Stability Matrixの場合はData\Models\Loraに置きます。

図2.22　データの配置例

WebUIを開いたら、比較のために一般的なプロンプトを入力し、画像を１つ生成しておきます。今回も、「1girl, shirt, denim shorts, short hair, beach」というプロンプトを使用しています（図2.23）。

図2.23　LoRAなし

以降は、次の手順に従い画像を生成してください（図2.24）。

手順1　ポジティブプロンプトの入力欄をクリックして編集可能な状態にします。

手順2　画面中央にある、「LoRA」タブに移動し、「flat2」と書かれたパネルがあることを確認します。Stability Matrixの場合は、ここでサムネイルが表示されることがあります。もし表示されていない場合は、「リフレッシュ」ボタンをクリックします。

手順3　続けて「flat2」と書かれたパネルをクリックすると、プロンプトに<flat2:1>と自動的に挿入されます。

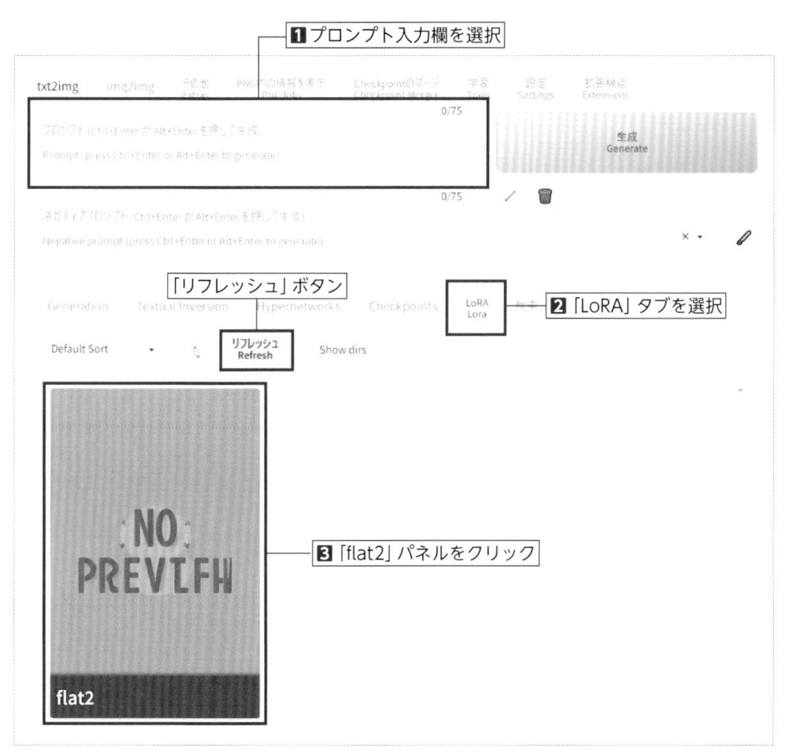

図2.24　LoRAでポジティブプロンプトを生成

LoRAを使用する際は出力結果に応じて強度を調整する必要があります。その強度は強調表現と同じく数値で調整可能です。通常、1.0から0.0の範囲で調整するのが一般的ですが、今回の「flat2」は、プラスの値を入力すると絵がフラットな塗りになります。マイナスの値を設定すると書き込みが増す特性があります。

試しに「<flat2:-1>」と「<flat2:1>」と入力して生成の比較をしてみましょう（図2.25）。

修正前

```
1girl, shirt, denim shorts, short hair, beach
```

修正後 <lora:flat2:-1>

```
1girl, shirt, denim shorts, short hair, beach, <lora:flat2:-1>
```

修正後 <lora:flat2:1>

```
1girl, shirt, denim shorts, short hair, beach, <lora:flat2:1>
```

図2.25　LoRAあり

3

快適な画像生成のための環境整備

画像生成に関する基本的な概念とテクニックは第２章で解説しました。これまでに学んだ知識だけでも十分に画像生成を楽しむことは可能です。本章からは、WebUIの拡張機能や外部ツールを駆使して、より効率的で快適な画像生成を行うための方法について説明します。

Tips

拡張機能の導入方法については第１章で解説しています。31ページの「WebUIの日本語化」を参照してください。

プロンプトの入力を簡単にする

一般にプロンプトの入力には、英単語を用いるタグ方式が広く採用されています。特に、画像生成AIは「Danbooru」[*1]という海外のイラストサイトのタグ体系を参考に開発されたと言われており、Danbooruタグに即した英単語を用いると高品質な生成結果を得られることが多いようです。

Tips

Danbooruとはイラストを投稿して共有することができるサイトです。画像に付与できるタグが豊富で検索性に優れているため海外のユーザーを中心に人気があります。一方で、投稿されているイラストに無断転載画像が含まれているという点で問題となっています。Danbooruの運営が削除リクエストの方法を掲載しています。もしご自身の画像が無断転載されている場合、次のURLからリクエストをしてみてください。
https://danbooru.donmai.us/contact

「a1111-sd-webui-tagcomplete」という拡張機能を導入すると、プロンプトにタグを入力するときに、Danbooruのタグがオートコンプリートで提案されます。このため、生成AIに適した英単語を手軽に入力できるようになります。

第１章の「WebUIの日本語化」（31ページ）で説明したように、拡張機能を導入してください。拡張機能は次のURLから入手できます。

QR **DominikDoom/a1111-sd-webui-tagcomplete | GitHub**
https://github.com/DominikDoom/a1111-sd-webui-tagcomplete

＊1　Danbooru　https://danbooru.donmai.us/

拡張機能を導入したあとにWebUIを再起動すると、プロンプト入力欄で「1」と入力するだけで、「1girl」など関連するタグの候補一覧が自動的に表示されます（図3.1）。

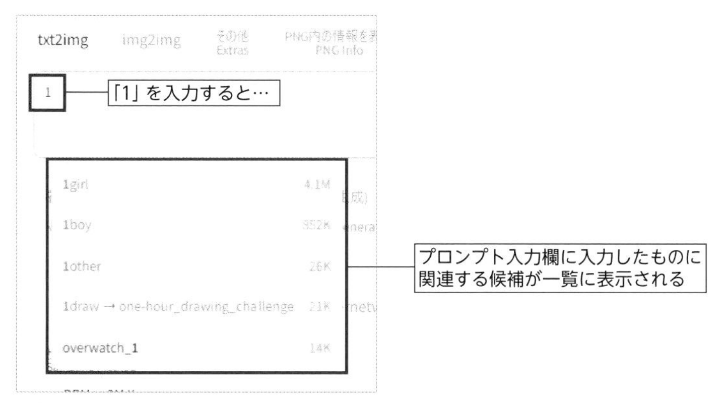

図3.1 タグ入力支援機能

このタグ入力支援機能により、タグの入力が簡単になるとともに、関連するタグを瞬時に発見できるようになります。単語の綴りが不確かな場合でも関連する複数のタグを提示してくれるので、アイデアの幅も広がります。

この拡張機能には、LoRAなどの特定の機能を呼び出すオプションも組み込まれており、「<」を入力すると関連する候補が出てきます。たとえば「<e」と入力すると前述のeasynegativeが候補に表示されるため、入力がかなり早くなります（図3.2）。

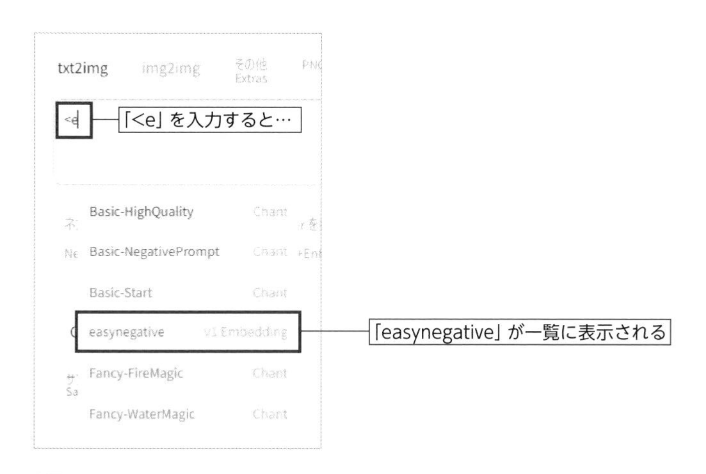

図3.2 「<」と入力すると、特定の機能を呼び出せる

ほかにもプロンプト入力を助ける拡張機能も存在します。特に便利な拡張機能として、特定のプロンプトを簡単に入力するボタンを追加してくれる「sdweb-easy-prompt-selector」があります。pixivFANBOXのサイトで作者の方が詳しく解説しているのでぜひ試してみてください。拡張機能そのものはGitHubで公開されているので、これまでと同様の手順で導入することができます。

QR プロンプト入力を楽にする拡張機能を作りましたの回 (blue.pen5805) pixivFANBOX
https://blue-pen5805.fanbox.cc/posts/5306601

プロンプトに揺らぎを追加する

画像生成AIの魅力の1つは、パラメータ設定によって生成する画像の枚数を自由に選べる点です。ボタンを一度押すだけで、数が100枚であれ1000枚であれ、自動的に画像が生成されます。

一方で、入力したプロンプトから大きく外れるような画像が生成されにくいという制約があります。たとえば、「日本の四季」というテーマで画集を作りたい場合、場所（山、海、川、田園、町、室内）、天気（晴れ、雨、雪）、服装（和服、洋服）が適度に異なる画像が必要です。

通常の出力では1枚ずつ手動でプロンプトを設定する必要があるため、その作業は煩雑になります。

この問題を解決するには「sd-dynamic-prompts」という拡張機能が使えます。拡張機能は次のURLから入手できます。

QR adieyal/sd-dynamic-prompts | GitHub
https://github.com/adieyal/sd-dynamic-prompts

sd-dynamic-promptsを導入すると、パラメータ欄に「Dynamic Prompts」が表示されます（図3.3）。

図3.3 Dynamic Prompts拡張機能を選択

Dynamic Prompts拡張機能は、特定のタグをランダムに適用して出力します。この拡張機能を使うには、右側にある◀をクリックしてDynamic Promptsを開き、「Dynamic Prompts有効化」にチェックを入れます（**図3.4**）。

図3.4 「Dynamic Prompts 有効化」にチェックを入れる

Dynamic Prompts拡張機能の使い方を知るには、メニュー下部にある「ヘルプ」の右側にある◀をクリックし、ヘルプメニューを開きます（**図3.5**）。

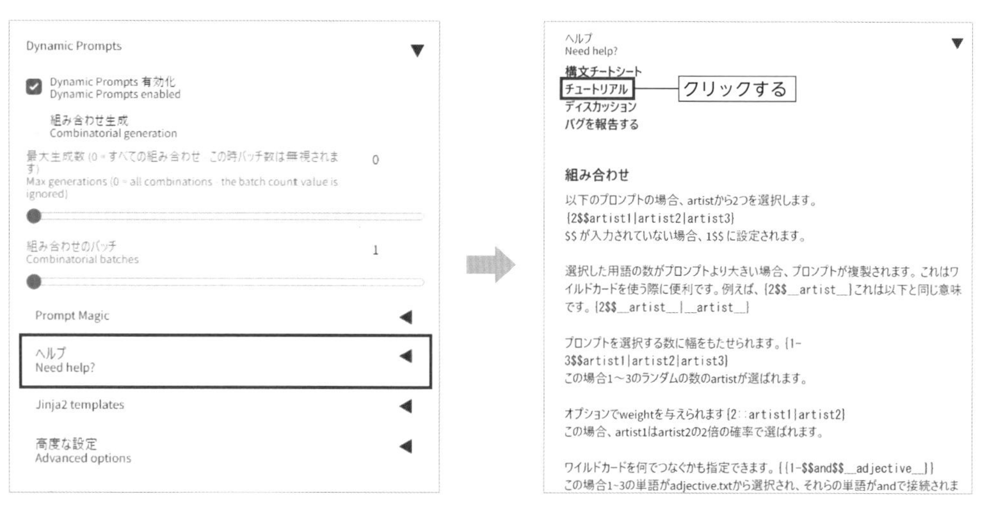

図3.5　「ヘルプ」の右側にある◀をクリックし、「Dynamic Prompts」のヘルプ情報を表示

ヘルプメニューの中の「チュートリアル」をクリックすると、Dynamic Promptsのチュートリアルページ（英語）がブラウザに表示されます（図3.6、図3.7）。

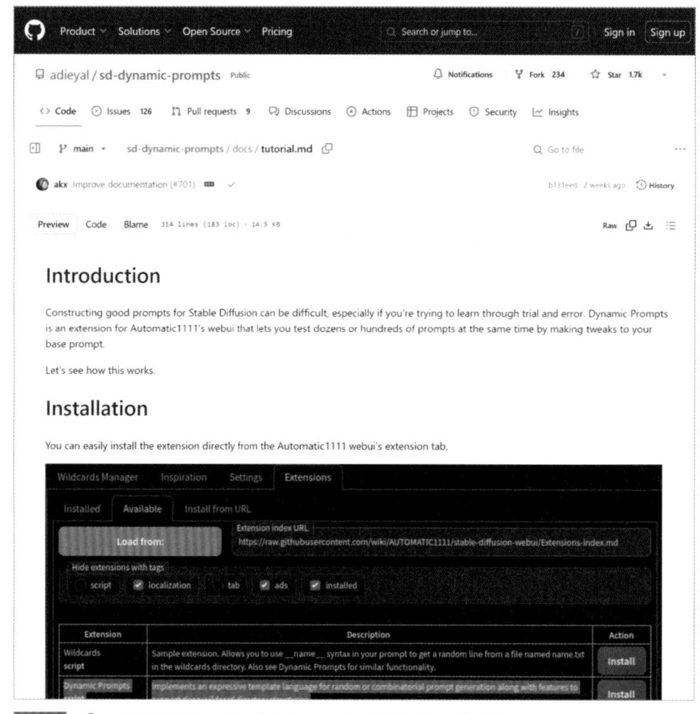

図3.6　「Dynamic Prompts」のチュートリアルページ（1）

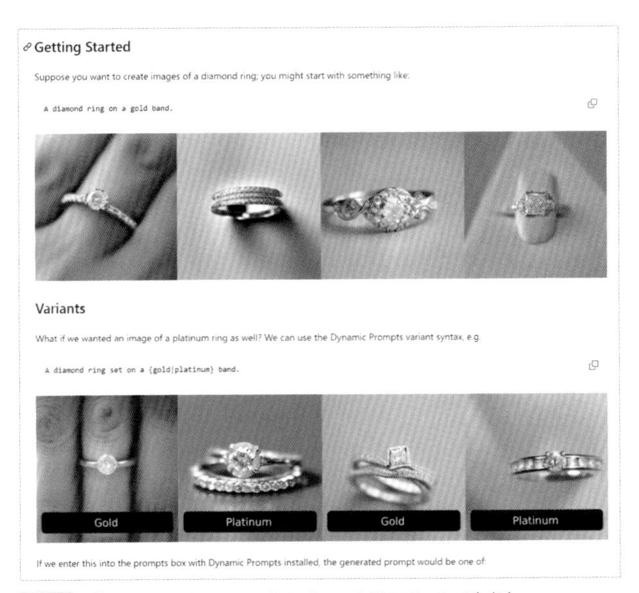

図3.7 「Dynamic Prompts」のチュートリアルページ（2）

基本的な「Dynamic Prompts」の使い方は次のとおりです。

```
{ A | B | C }
```

このようにプロンプトに記述すると、A、B、Cのいずれかがランダムに選ばれて画像が生成されます。ランダムに出力したいプロンプトを「{」と「}」で囲い、「|」で区切ります。

たとえばドレスの色を変えたい場合は、プロンプト入力欄に次のように入力し、画像を生成します。

```
{red|blue|green|yellow} dress
```

このようにすることで、「red dress」、「blue dress」、「green dress」、「yellow dress」のいずれかがプロンプトへランダムに挿入されます。出力された画像には「赤、青、緑、黄色」のいずれかの色のドレスがランダムに選ばれています。この機能を活用すれば、同じテーマでもさまざまなバリエーションの画像を容易に生成できます。

次に、Dynamic Promptsなしとありのプロンプトと出力画像を以下に挙げておきます。

Dynamic Promptsなし

```
1girl, red dress,blue dress,green dress,yellow dress
```

Dynamic Promptsあり

```
1girl, {red|blue|green|yellow} dress
```

図3.8 Dynamic Promptsなし

図3.8 はDynamic Promptsを使用せず、4色のドレスを記載し出力した画像で、ドレスの色はどれも赤色です。図3.9 のほうは、Dynamic Promptsを使用し4色のドレスを順番に出力したものです。「赤、青、緑、黄色」の4色のドレスが出力されています。

図3.9　Dynamic Promptsあり。「赤、青、緑、黄色」を指定

Chrome拡張機能でプロンプトブックマークを作成する

WebUIを利用するときに不便な点は、プロンプトやネガティブプロンプトのブックマーク機能が限定的なことです。この問題を解消するためには、Chrome拡張機能である「**NAI_magic_wand**」を導入すると解決できます。この拡張機能は元々NovelAIという画像生成サービスを前提に開発されましたが、幸いにもWebUIにも対応しています。

QR **NAI_magic_wand［Chrome拡張機能］**
https://chrome.google.com/webstore/detail/naimagicwand/mpopocllkpjpdibiekfldhdodchadike

NAI_magic_wandを導入すれば、画面を切り替えることなく、専用のポップアップウィンドウが表示されます。このポップアップは、必要なくなれば自動的に消えるので、邪魔になりません。また、ブックマークは自動で保存されるため、保存を忘れてしまうというリスクもなくなります。

さらに、ブックマークデータのバックアップが作成できるので、何らかのトラブルでデータが失われた場合でも事前にバックアップを作成すれば復元が可能です。

具体的なブックマークの作成方法は以下のようになります。

まず、ブックマークしたいプロンプトをコピーします。今回は「`1girl, shirt, denim shorts, short hair, beach`」とします。

手順1　ブラウザの右上にある「NAI_magic_wand」のアイコンをクリックします（図3.10）。

図3.10　「NAI_magic_wand」のアイコンをクリック

手順2　ポップアップの右上にあるしおりアイコンをクリックしてから、「+Add Bookmark」をクリックします（図3.11）。

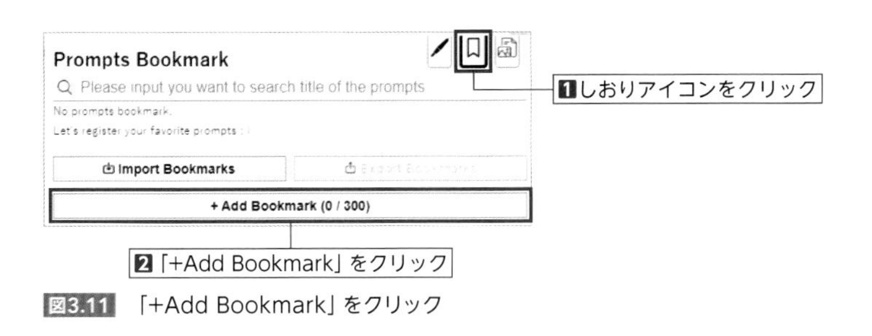

図3.11 「+Add Bookmark」をクリック

手順3 タイトル（ブックマーク名）を入力し、プロンプト入力欄にプロンプトを入力し、「Add」ボタンをクリックします（図3.12）。

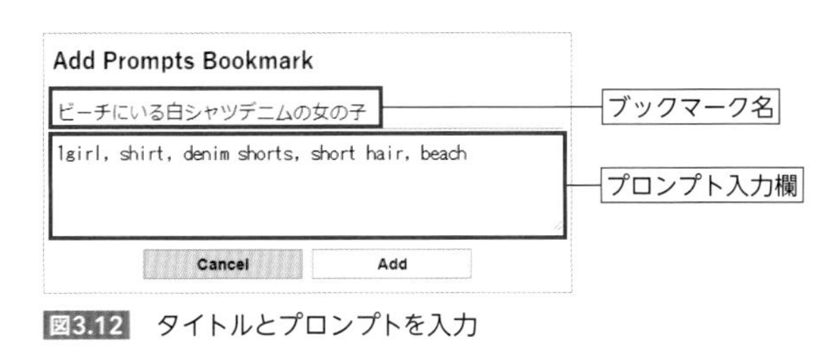

図3.12 タイトルとプロンプトを入力

これでブックマークが作成されます。ブックマークを使用するときは、ブックマーク一覧から目的のブックマークの右側にあるコピーボタンをクリックします（図3.13）。コピーが完了した旨の通知が表示されたら、WebUIのプロンプト入力欄にその内容を貼り付けるだけです。

図3.13 プロンプトブックマークの使用

ポップアップの外側をクリックするとポップアップは自動的に消えるため置き場所に困りません。

あとで内容を編集するには、ブックマーク一覧のプロンプト欄から直接編集します。

定期的なバックアップやデータの復旧が必要な場合は、「Export Bookmarks」ボタンでブックマークを出力して、バックアップを取ります。逆に「Import Bookmarks」でブックマークを取り込んで、以前のバックアップを復元できます。

以上のように、NAI_magic_wand拡張機能を活用することで、WebUIでの画像生成が格段に便利になります。

ファイル管理ツールで画像を整理する

日常的に大量の画像を生成する場合、画像の効率的な管理が課題となります。数千、数万枚の画像が蓄積されると、Windowsの標準エクスプローラでは整理や閲覧が追いつかなくなります。この問題を解決するための方法の1つは、ファイル管理ソフトウェアを導入することです。

特に、画像生成ユーザーに人気のある管理ソフトウェアは「**Eagle**」です。

QR **Eagle**
https://jp.eagle.cool/

EagleはWindows OSとmacOSに対応しています。本書執筆時点で29.95ドル（サブスクリプションなし、永久ライセンス）の有料ソフトですが、30日間無料で試せます。

Eagleはいくつかの優れた特徴を持っています。日本語に完全に対応しており、動作が非常に軽く、サムネイルの表示速度も高速です。さらに、評価やタグ付けによって画像を効率的に分類でき、生成した画像を自動で取り込む機能もあります（図3.14）。

図3.14　Eagleのサムネイル表示

ここでは、30日の無料期間中に試してみたい「Eagle」を用いた生成画像の自動取得方法と、著者自身が実践している画像選別のテクニックについて解説します。

生成した画像の自動取得

Eagleを使うと、生成した画像を自動的に取得することができます。次の手順を実行します。

手順1　Eagleをインストール後、起動した状態でCtrl＋Kキーを押して環境設定画面を開きます。

手順2　左側のメニューから「自動インポート」を選択します（図3.15）。

手順3　右側のパネルの「自動インポート」にチェックを入れます。

手順4　取得したい画像が収められているフォルダを指定します。

手順5　「変更を保存」ボタンをクリックします。

図3.15　生成した画像の自動取得

手順6　対象となるフォルダをエクスプローラで開きます（図3.16）。このフォルダに直接画像を保存すると、Eagleが起動している間、自動でインポートされます。

注意

自動インポートを実行する際は、サブフォルダ内の画像が対象外になるので注意が必要です。

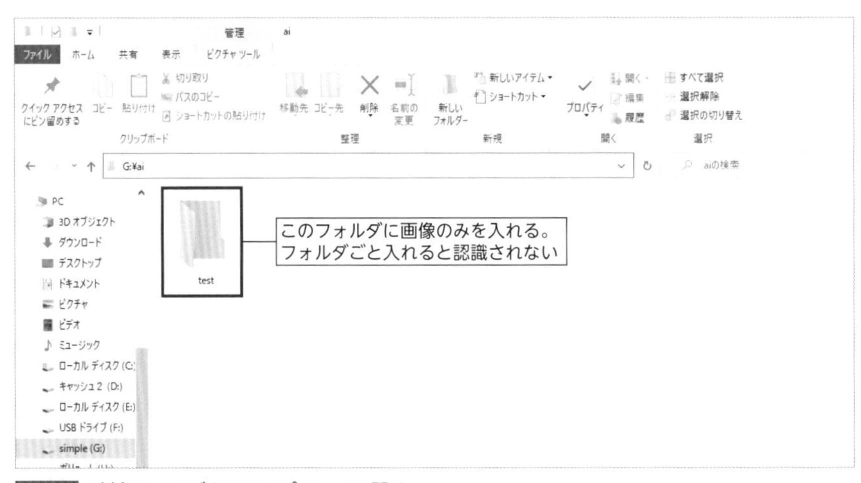

図3.16　対象フォルダをエクスプローラで開く

手順7　WebUIの画面に移動し、「設定」タブを開きます。左側のメニューから「保存するパス」を選択し、「画像の出力ディレクトリ」欄に先ほど設定した自動的インポートのファイルパスを設定します。今回は「G:\ai\test」を入力してから「設定を適用」ボタンをクリックします（図3.17）。

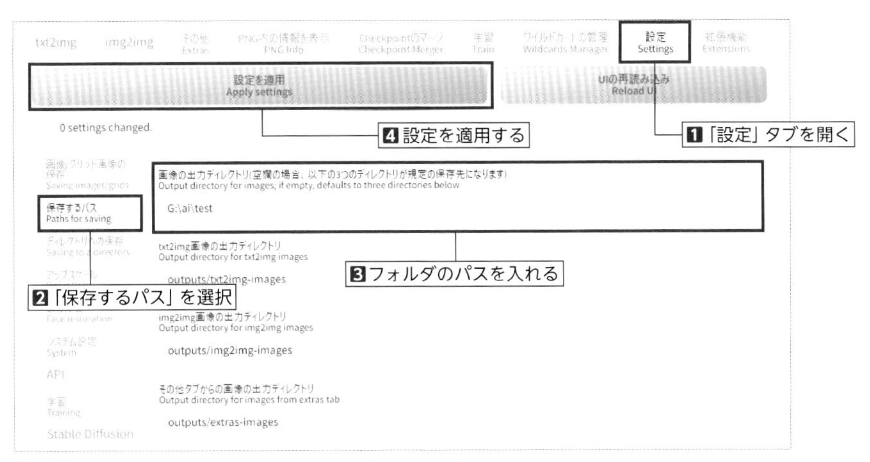

図3.17　WebUIの「設定」タブでフォルダパスを設定

手順8　「ディレクトリへの保存」メニューを開いて、チェックボックスの選択をすべて解除します（図3.18）。これにより、生成される画像のみが設定したフォルダに保存されるようになります。

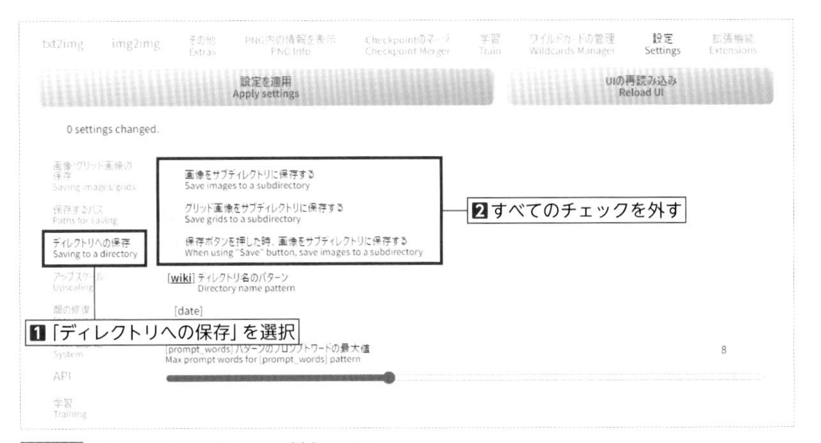

図3.18　生成される画像のみを対象とする

動作確認

設定が完了したら、テストとして数枚の画像を生成して動作を確認しましょう。生成された画像は自動的に読み込みが完了しているはずです。読み込んだ画像はEagleの画面の左側のサイドバーにある「未分類」カテゴリに追加されています（図3.19）。

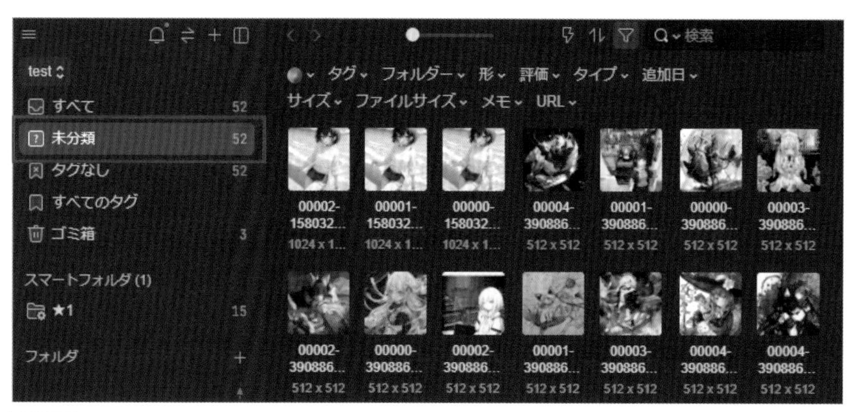

図3.19　自動取得した画像の確認

スマートフォルダーを使用した画像選別

Eagleには画像選別に便利な機能として「スマートフォルダー」と「評価」があります。

スマートフォルダーは、設定されたルールに基づいてEagle内のデータを条件検索してくれる機能です。

「評価」は、各データに「★1」から「★5」の評価を手動で付けることができる機能です。

この2つの機能を使用して、画像選別を効率よく行う方法を解説します。

Tips

スマートフォルダーは、前述のDynamic Prompts等を用いて数百枚単位の画像を一度に出力し、自動インポート機能を使って未分類カテゴリに画像がたまっているときなどに活用できます。

Eagleのサイドバーの「スマートフォルダー」の右側にある「＋」をクリックして、スマートフォルダーを新規作成します（図3.20）。

図3.20 スマートフォルダーの新規作成

「新しいスマートフォルダー」ダイアログが開いたら、「スマートフォルダー名」の入力欄に名前を付けます（今回は「★1」という名前にしています）。フィルター条件を「評価」、「はい」、「★」と設定し、「フォルダーの作成」ボタンをクリックします（図3.21）。これで自動的に評価が「★1」の画像がこのフォルダに表示されます。

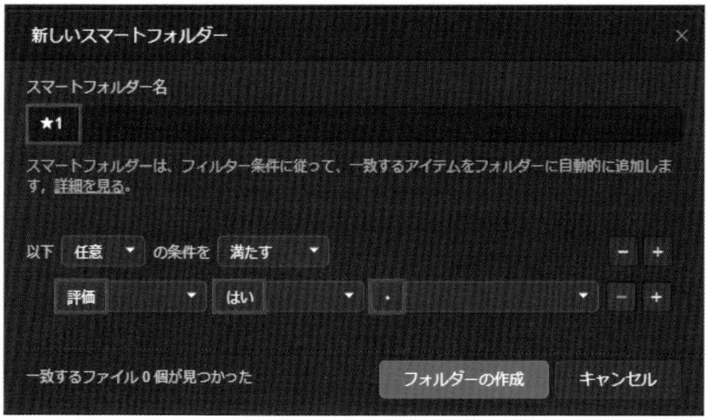

図3.21 「新しいスマートフォルダー」ダイアログ

サイドメニューから分類したい画像が入ったフォルダ（もしくは未分類カテゴリ）を開きます。画面上部の拡大縮小バーを使用して、一列に3枚の画像（好みの枚数でもよい）が表示されるように調整します（図3.22）。

図3.22　拡大縮小バーで1つの画面に3枚の画像を表示する

次に矢印キーを使用して画像を選択していきます。画像が選択されると青い枠が付きます（図3.23）。

不要な画像を見つけた場合、[1] キーを押してその画像に評価「★1」を付与します。評価を取り消す場合は [0] キーを押します。

評価情報は、画面右側の詳細情報の「インフォメーション」ボックスの「評価」欄で確認できます。評価が付いていない場合は図3.24（左）のように灰色で示され、評価が付くと図3.24（中央・右）のように色付きで表示されます。

図3.23　矢印キーを使用して画像を選択

インフォメーション

評価	☆☆☆☆☆
寸法	512 × 512
サイズ	445.61 KB
タイプ	PNG
追加日	2023/09/23 22:29
作成日	2023/09/23 22:29
変更日	2023/09/23 22:29

インフォメーション

評価	★☆☆☆☆
寸法	512 × 512
サイズ	445.61 KB
タイプ	PNG
追加日	2023/09/23 22:29
作成日	2023/09/23 22:29
変更日	2023/09/23 22:29

インフォメーション

評価	★★★★★
寸法	512 × 512
サイズ	445.61 KB
タイプ	PNG
追加日	2023/09/23 22:29
作成日	2023/09/23 22:29
変更日	2023/09/23 22:29

図3.24 評価の設定

すべての画像を確認した後、先ほど作成した「★１」のスマートフォルダーに移動します（図3.25）。不要な画像がこのフォルダに集約されているので、すべて選択してからDeleteキーを押して一括削除します。

図3.25 不要画像を「★１」のスマートフォルダーに移動

なぜ不要物の削除にこのような一手間をかけるかというと、画像を消した瞬間にファイル整列が行われ、チェックした場所を見失いやすいためです。再確認の手間を極力避けるために、上記の方法を採用しています。

また、Eagleの公式サイトも、画像生成ユーザー向けに役立つ情報を提供しています。本書で説明していない細やかなテクニックが記されているので、ぜひご一読ください。

Tips

画像の選別作業中は画像生成を行わないか、自動インポート機能をオフにすることを推奨します。直前に自動インポート機能が動作すると、新規に取り込まれた画像が選択状態になり誤操作の原因になります。

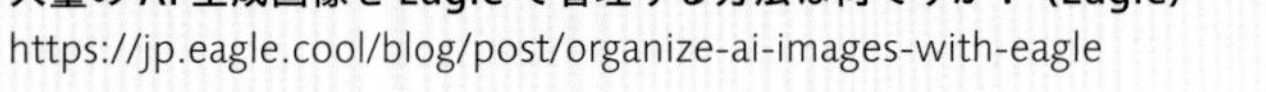

QR 大量の AI 生成画像を Eagle で管理する方法は何ですか？（Eagle）
https://jp.eagle.cool/blog/post/organize-ai-images-with-eagle

4

画像生成を極める

第３章では生成環境を快適にするためのツールを用いて出力の品質を上げる方法などを学びました。本章では、画像生成AIに対してプロンプト以外の方法で指示を加える方法を紹介します。これらのツールを用いることで、想像力の許す限り自由な画像生成が行えるようになります。

高画質化で書き込みを増やす

生成された画像が微妙に崩れていたり、書き込みが不足している場合があります。これは、低解像度で出力すると、画像生成AIが書き込みを少なくする傾向にあるためです。この問題に対処する方法として「**高解像度補助（Hires.fix）**」という機能があります。

「高解像度補助」の右側の◀をクリックすると（図4.1）、高解像度補助が有効になり、設定メニューが表示されます（図4.2）。

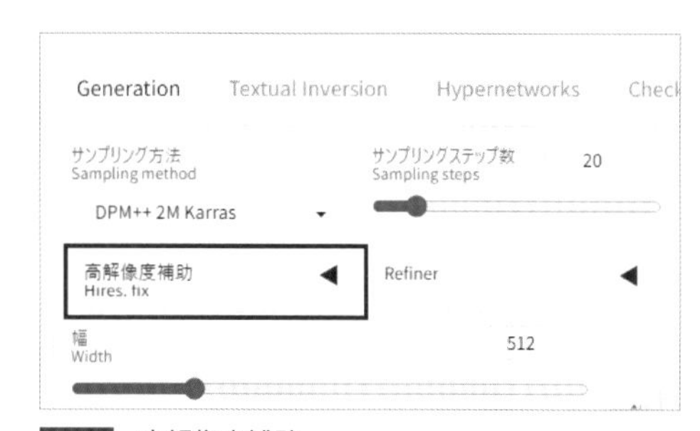

図4.1　高解像度補助

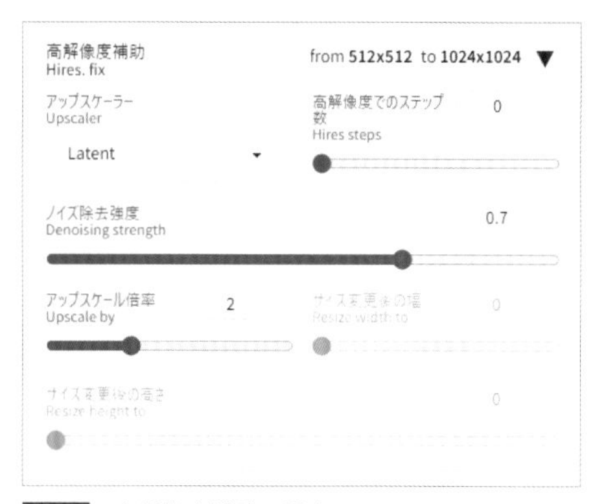

図4.2　高解像度補助の設定メニュー

高解像度補助の設定メニュー

高解像度補助の設定メニューでは、以下の項目を設定できます。

アップスケーラー

アップスケールに用いるプログラムを選べます。一般的には以下の３つがよく使われます。

- Latent：出力された画像をtxt2imgで再生成して拡大する手法。そのほかのアップスケーラーと比較して、GPUメモリの消費量が少ない、出力が綺麗という特徴があります。欠点として、再生成を行うため細かいディテールが元画像から変更されることがあります。
- ESRGAN_4x：出力された画像を拡大リサイズします。Latentよりも、細かいディテールや雰囲気を保持してくれます。欠点として、GPUメモリを大量に消費するため、搭載されている専用GPUメモリが少ない場合はバッチサイズを下げる必要があります。
- R-ESRGAN 4x+ Anime6B：上のESRGAN 4xを改善したR-ESRGAN 4xにAnime6Bというイラスト出力に特化したデータを追加して使用します。名前のとおりイラストやアニメ絵の出力に強みがあります。欠点は、ESRGAN 4xと同じく専用GPUメモリを大量に消費することです。

それぞれのプログラムで仕上がりが微妙に異なるため、お好みで選んでください。

高解像度でのステップ数

このオプションは、画像を拡大する際に行う追加のステップ数を設定できます。0に設定すると、サンプリングステップ数と同じ回数が設定されます。通常は、サンプリングステップ数の半分〜70%程度のステップ数にします。出力結果を確認しながら、適切な値を探してください。

ノイズ除去強度

この値が小さいと、元の画像に忠実な結果が得られます。大きい値を設定すると、その逆の効果があります。出力時に画像の崩れがひどいと感じた場合に値を下げると改善することがあります。

アップスケール倍率
サイズ変更後の幅、サイズ変更後の高さ

　出力サイズの調整はこれらのオプションで行います。一般的には「アップスケール倍率」で調整しますが、大きな拡大サイズにすると専用GPUメモリの使用量が増えるため速度が低下します。その際はバッチサイズを下げて試してみてください。

図4.3　高解像度補助なし　512×512サイズ

以上の設定を活用することで、より高品質な画像生成が可能になります。

図4.3 は高解像度補助なしの画像で、図4.4 は高解像度補助を施した画像です。書き込みの精密さが異なる点に注目してください。

図4.4 高解像度補助あり 1024×1024サイズ

色塗りの改善

画像生成時に配色を指定するのは非常に困難です。プロンプトに「1girl, white shirt with green tie, red shoes, blue hair, yellow eyes, pink skirt」と指定した場合、プロンプトどおりであれば「白いシャツと緑のネクタイ、赤い靴、青い髪、黄色い目、そしてピンクのスカートを着た女の子」が生成されるはずです。

しかし、現実には個々の単語が持つ影響が周囲のプロンプトまで伝播して参考画像のように、指定した配色とは異なる色が出力されることがあります（図4.5）。

Tips

第6章「プロンプト集」にある「目の色」パート（187ページ）でも、目の色のみ指定しているはずが、髪の毛の色にまで影響が出ていることが確認できます。

図4.5　プロンプトの指定どおりに画像が生成されていない

このような場合は「sd-webui-cutoff」という拡張機能を使うと、プロンプトの影響範囲を操作できます。

QR **hnmr293/sd-webui-cutoff | GitHub**
https://github.com/hnmr293/sd-webui-cutoff

Tips
拡張機能の導入方法については第1章で解説しています。31ページの「WebUIの日本語化」を参照してください。

sd-webui-cutoff拡張機能を導入すると、パラメータ欄に「Cutoff」メニューが追加されます（図4.6）。

図4.6 「Cutoff」メニュー

sd-webui-cutoff拡張機能は、指定したプロンプトの影響範囲をCutoff（切り落とし）します。

今回のような色塗りを改善するには次のように指定します。まず、「Cutoff」メニューの「有効化」にチェックマークを入れます（図4.7）。

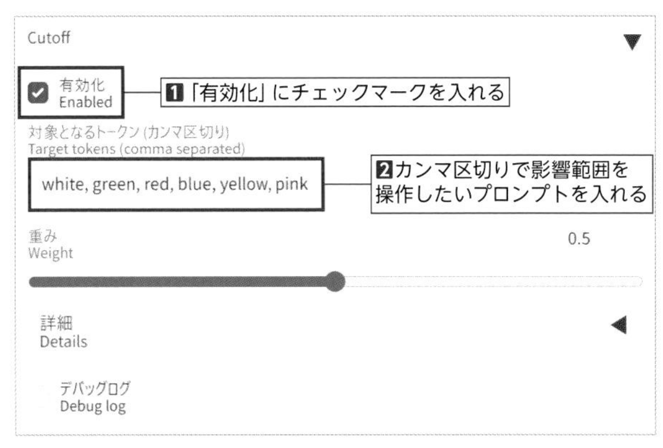

図4.7　「Cutoff」メニューの設定

対象となるトークン（Target tokens）入力欄に、影響範囲を限定したいプロンプトを追加します。今回は色を限定したいため、「対象となるトークン（カンマ区切り）」入力欄に次のように入力してから画像を生成します（図4.8）。

```
white, green, red, blue, yellow, pink
```

Tips

対象となるトークンとは周囲のプロンプトに影響を与えている可能性がある語のことです。「赤いシャツ」というプロンプトを入力して赤い髪の毛が出力されている場合、対象となるトークンは「赤い」です。逆に、大量のシャツが出力された場合は「シャツ」が対象となるトークンとなります。

生成された画像を図4.5と比べてみると、顕著に改善されていることがわかります。

この拡張機能は色以外にも使用できます。以前、「Japanese girl, in Hotel」というプロンプトを使用したときに「Japanese」の影響で出力されるホテルの床材がすべて畳になってしまったことがあります。このときは「Japanese」が悪さをしていると推測できたため、このツールを用いて解決することができました。

もし、指定した単語で影響が出ていると感じた場合はぜひ使用してみてください。

図4.8 Cutoff（sd-webui-cutoff拡張機能）を使用し、色塗りを改善

ControlNetで表現力を向上させる

ある程度画像生成に慣れてくると、プロンプトで画像を生成する方法では具体的なポーズや雰囲気の表現が難しいことがわかります。

この課題を解決してくれるのが「**ControlNet**」です。ControlNetを用いると、参照画像から特定の要素を抽出し、それを生成する画像に反映させることができます。

執筆時点でControlNetには18種類の機能があり、ポーズや絵の雰囲気の継承、落書きからの要素抽出など、プロンプトでは指示しにくい要素を補完する機能が多いです。また、複数の機能を同時に利用する「重ね掛け」も可能です。18種類の機能を次に挙げておきます。

- Canny：元画像の輪郭線をベースに画像を構成する
- Depth：元画像に書かれた要素の前後位置を検出し、その深度情報をもとに画像を構成する
- Normal Map：元画像の陰影をもとに立体情報を作成し画像を構成する
- Open Pose：元画像の人物の姿勢を検出し、手足の位置情報をもとに人物画像を構成する
- MLSD：元画像の直線部分をベースに画像を構成する
- Lineart：元画像の線をベースに画像を構成する
- Soft Edge：元画像のざっくりとした輪郭線をベースに画像を構成する
- Scribble/Sketch：手書きなどのラフ絵を元に画像を完成させる
- Segmentation：元画像を要素で区分けし、区分け情報を元に再構成する
- Shuffle：元画像の雰囲気をベースに画像を構成する
- Tile/Blur：元画像の書き込みを増やす
- Inpaint：元画像のマスクした部分を別のものに置き換える
- InstructP2P：元画像をあまり崩さずに要素の書き直しを行う
- Reference：元画像の一貫性を保ちつつ画像を構成する
- Revision：元画像の一貫性を保ちつつ画像を構成する
- T2I-Adapter：元画像の一貫性を保ちつつ画像を構成する
- IP-Adapter：元画像の一貫性を保ちつつ画像を構成する
- Recolor：元画像を再着色する

本書では特に使用頻度が高い３種類の機能に焦点を当てて解説しますが、その他の機能に興味がある方は各機能の名称で検索してみてください。

ControlNetのインストール方法

まずは通常の拡張機能と同じように、ControlNetをインストールします。

QR Mikubill/sd-webui-controlnet | GitHub
https://github.com/Mikubill/sd-webui-controlnet

次にControlNet用のモデルファイルをダウンロードします。以下のHugging Faceのサイトから「.pth」という拡張子を持つモデルファイルをダウンロードしてください。数が多いため、本書で解説する「control_v11p_sd15_openpose.pth」と「control_v11p_sd15_scribble.pth」の２つだけをダウンロードしてもかまいません。

QR lllyasviel/ControlNet-v1-1 at main | Hugging Face
https://huggingface.co/lllyasviel/ControlNet-v1-1/tree/main

ダウンロードしたモデルファイル（.pth）を、stable-diffusion-webui\extensions\sd-webui-controlnet\modelsディレクトリに配置します。StabilityMatrixの場合は、Data\Packages\stable-diffusion-webui\extensions\sd-webui-controlnet\modelsに配置します。これで、ControlNetの使用準備ができました（図4.9）。

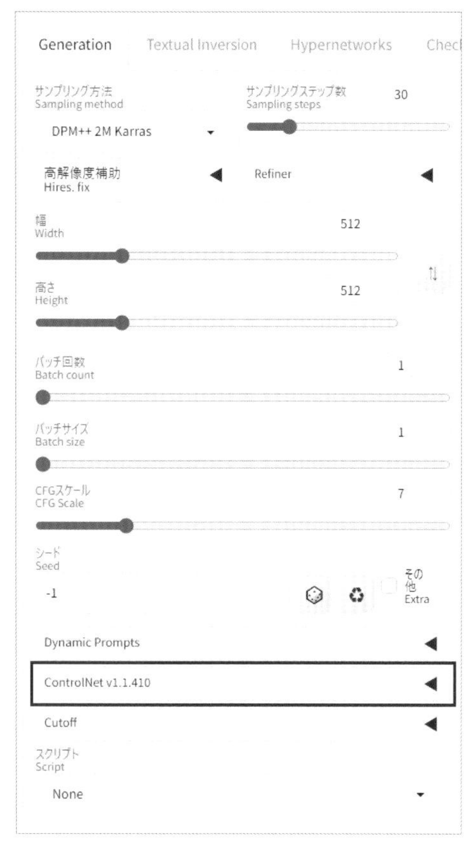

図4.9 「ControlNet」メニュー

姿勢を制御する：OpenPose

人物の姿勢を高度に識別・制御する「**OpenPose**」という技術があります。従来、目的とする姿勢を得るためには何度も画像を生成する必要がありましたが、OpenPoseの使用により、元画像さえあれば高精度に再現することが可能になりました。

OpenPoseを使って姿勢を制御するには、次の手順に従ってください。

手順1 通常の画像生成と同じようにプロンプトを入力し、比較用の画像を１枚出力しておきます（図4.10）。今回は次のようにプロンプトを入力しました。

```
1girl, shirt, denim shorts, short hair, beach
```

図4.10 比較用のサンプル画像の生成

手順2　画像を用意します。今回はAIで作成した画像を使用します（図4.11）。

図4.11　姿勢検出用の画像

手順3　「ControlNet」メニューを開き、いま作成した画像を上部の画像欄に設定します（図4.12）。

手順4　「有効化」と「Pixel Perfect」にチェックを入れます（図4.13）。さらに、「ControlType」の「OpenPose」ラジオボタンを選択し、「プリプロセッサ」に「dw_openpose_full」を設定したら準備完了です。

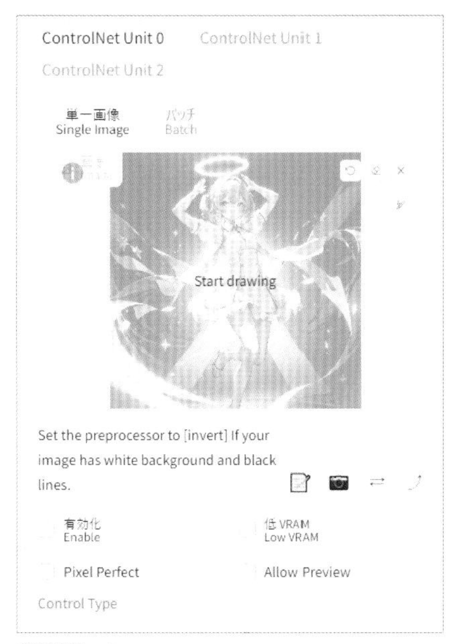

図4.12 「ControlNet」メニューに画像を設定

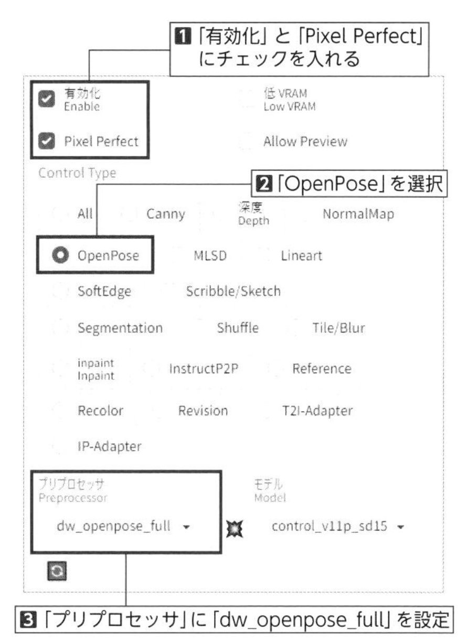

図4.13 「ControlNet」メニューの設定

手順5 この状態で「生成」ボタンをクリックすると、参照画像の解析結果（図4.14）と解析結果をもとにした画像が出力されます（図4.15）。

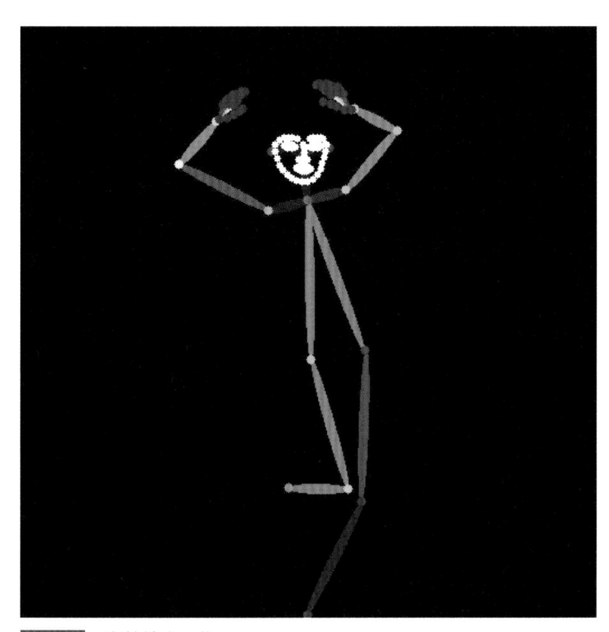

図4.14 姿勢検出画像

図4.15　姿勢制御が施された画像が生成される

画風を指定する：ReferenceOnly

画像生成時に画風を指定することもできます。「ReferenceOnly」は、参照画像をもとに生成画像のスタイルや雰囲気を制御します。この機能を使うことで、人間がアーティストに対して「こんな感じで描いて」と具体的なイメージを示すような、直感的な操作が可能です。

今回は 図4.16 のようなタッチの画像を出力したいとします。

設定は簡単で、ControlNetに参照画像を読み込ませてから、「Control Type」の「Reference」を選択するだけです（図4.17）。

図4.16　参照用にAIで作成したイラスト画像

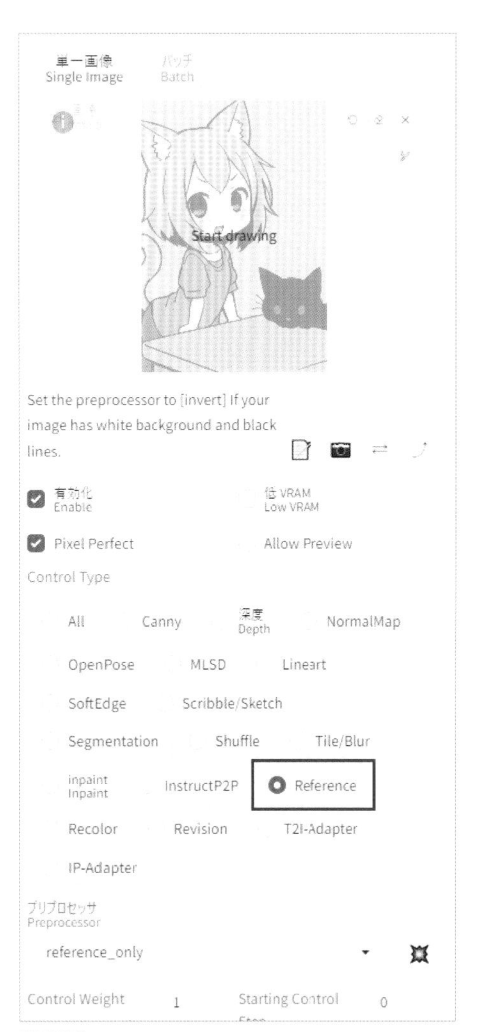

図4.17　「ControlNet」メニューの「Control Type」に「Reference」を選択

この状態で「生成」ボタンをクリックすれば、参照画像の画風を反映した立体感を抑えたフラットイラストに近づきます（図4.18）。

図4.18　参照した画像のように立体感を抑えたフラットイラストに近づいた

このとき、「Style Fidelity」を1に近づければ参照画像のように立体感が下がり、0に近づけるとその逆になります（図4.19）。出力結果を見て調整してみましょう（図4.20、図4.21、図4.22）。

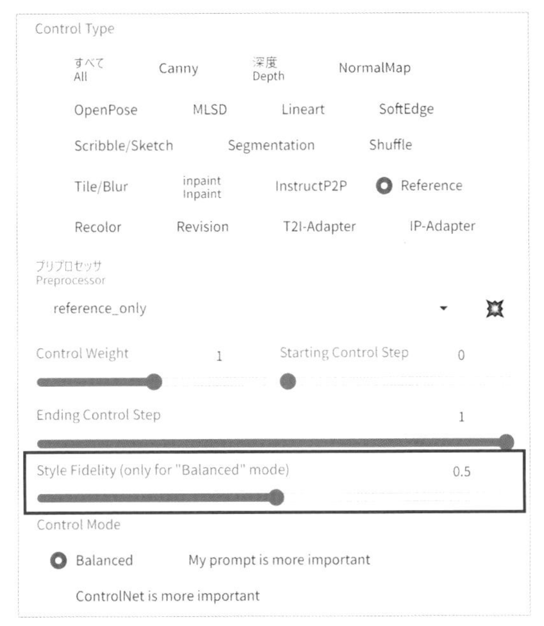

図4.19 「Style Fidelity」の設定

図4.20 Style Fidelity 1.0：陰影が単調になり平面感が強くなった

図4.21　Style Fidelity 0.0：わずかに立体感が減っている

図4.22　Style Fidelity 0.5：顔や服の立体感が下がり陰影の詳細さも失われている

ラフ画を完成させる：Scribble

「Scribble」は、ラフなスケッチや線画をもとにして、完成度の高い画像を生成するための機能です。アイデアをすぐに形にしたいという場合に非常に有効なツールです。

では、実際に使用してみましょう。

手順1 ControlNetメニューを開き、ラフに描いた参照画像を1枚用意します（図4.23）。今回はWindowsの「ペイント」でマウスを使用して絵を描きました。

手順2 メニュー上部の画像欄に設定します。

手順3 「有効化」と「Pixel Perfect」にチェックを入れ、「Control Type」で「Scribble/Sketch」ラジオボタンを選択します。「プリプロセッサ」を「none」（なし）に設定します（図4.24）。

図4.23 ラフに描いた参照画像

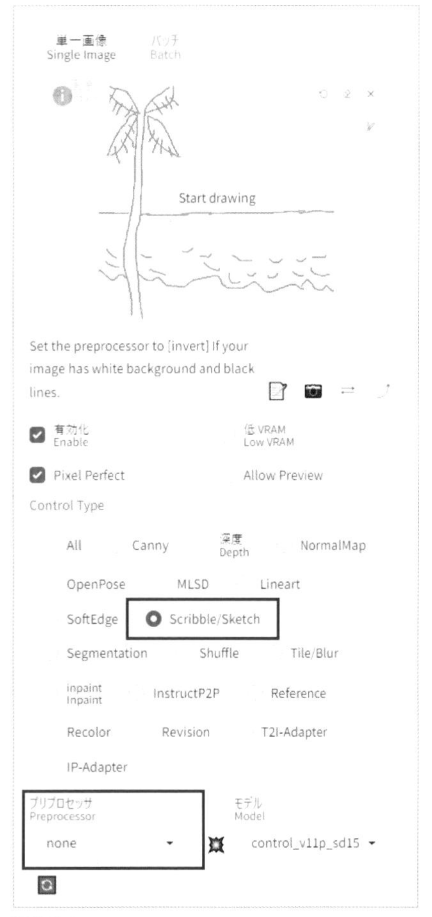

図4.24 「Scribble」の設定

手順4　この状態で「生成」ボタンをクリックすると、ラフ画像を参考にそれらしく描き上げてくれます（図4.25）。

図4.25　ラフ画をもとに画像を生成

参照画像がラフ過ぎる場合、うまく認識しない可能性があります。その場合は、プロンプトの調整を行うか、ある程度詳細にラフ画を描き直して具体性を上げてから読み込ませると良い結果になりやすいです。ある程度絵が描ける人ならラフ画まで作成すれば、あとはAIが高品質に仕上げてくれるため、非常に使い勝手が良い機能だと思います。ぜひ活用してみてください。

Tips

ControlNetの重ね掛け

ControlNetは1種類のみでも非常に強力な効果がありますが、複数の機能を重ね掛けすることもできます。メニューを見ると、「ControlNet Unit 0」から「ControlNet Unit 2」と3種類のタブがあることが確認できます（図4.26）。

ControlNet v1.1.410
ControlNet Unit 0　ControlNet Unit 1
ControlNet Unit 2
単一画像 Single Image　バッチ Batch

図4.26　ControlNetの重ね掛け

これらのタブを使用すれば個別でControlNetを設定でき、複数同時に実行することが可能です。たとえば、OpenPose、ReferenceOnly、Scribbleをすべて同時に実行した場合は 図4.27 のようにすべてをバランスよく調整したような画像が得られます。

図4.27　ControlNetの重ね掛けの効果

さらにControlNetの重ね掛け数を増やしたい場合は、設定タブの「ControlNet」メニューから、Multi-ControlNetの数値を増やします。

LoRAでオリジナルキャラをAIに覚えさせる

画像生成を進めるときの問題の1つが、キャラクターデザインを固定することができないことです。

たとえば、第2章で挙げたゴシックドレスちゃんの例でも、シード値を変更すると服や顔の特徴が異なる画像が生成されます。お気に入りのキャラクターデザインを固定することができれば、創作活動において非常に強力なツールになります。

この問題を解決するときに使えるのが、第2章の「特殊なキーワード」（64ページ）でも解説した「LoRAモデル」を使うことです。

LoRAとは

LoRAとはAIに新しい概念を学習させるための手法です。通常、モデルに多くの画像を追加で学習させることで、新しい概念をモデルに組み込むことができます。しかし、以前学習した新しい概念を別のモデルでも利用したい場合は、再び学習をする必要があります。

LoRAを使用すると、新しい概念だけをLoRAモデルとしてモデルとは別に保存することができます。この生成されたLoRAモデルを、第2章で解説した特殊なキーワードの手法でモデルが参照することで、異なるモデル間での学習データの共有が可能になります。

注意

一般に配布されている生成モデルには、SD1.5系、SD2.1系、SDXL系といった3種類の系譜が存在します（執筆時点でSD3の存在が発表されているため、将来的にSD3系を含めた4種類になりそうです）。これらの系譜間では内部のデータ構造が違うため、注意が必要です。例えばSD1.5系のモデルで作成したLoRAをSDXL系のモデルで使用することはできず、逆もできません（なお、執筆時点では利用できませんが、この壁を超えるためにX-Adapterという技術が開発中とのことです）。

LoRAモデル作成ツールのインストール方法

LoRAモデルの学習には8GB以上（推奨12GB以上）の専用GPUメモリを持つGPUが必要です。第1章で解説した方法でタスクマネージャから使っているPCの専用GPUメモリの数値を確認し、作成可能かどうか確かめてから読み進めてください。

LoRAモデル作成ツールのインストール方法は、GitHubのページにも記載されていますが、本書でも解説していきます。

QR derrian-distro/LoRA_Easy_Training_Scripts | GitHub
https://github.com/derrian-distro/LoRA_Easy_Training_Scripts#installation

手順1 新しいフォルダを作成し、半角英数字で適当な名前を付けます(今回は「LoRA」という名前にしました)。続けて、フォルダのアドレスバーに「cmd」と入力し、Enterキーを押します(図4.28)。

図4.28 「cmd」の実行

手順2 コマンドプロンプトが開いたら、次の3つのコマンドを1行ずつ入力し、Enterキーを押して実行します。

```
git clone https://github.com/derrian-distro/LoRA_Easy_Training_Scripts
cd LoRA_Easy_Training_Scripts
install.bat
```

実行時に図4.29のような確認画面が表示されます。内容を確認して「はい」ボタンをクリックしてください。

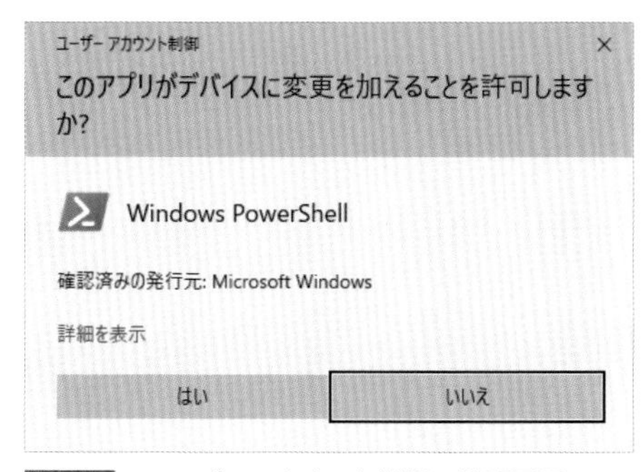

図4.29 ユーザーアカウント制御の確認画面

実行画面を 図4.30 に示します。1行目の「git clone」でリポジトリを取得し、「cd」で目的のフォルダに移動します。「install.bat」で目的のフォルダ内にあるinstall.batを実行します。

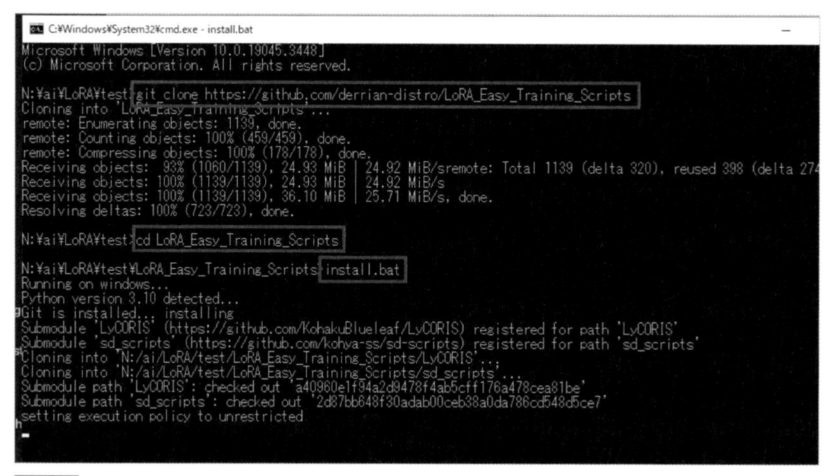

図4.30　インストール用のコマンドを実行

手順3　途中、英語で次のような質問が来るので答えておきましょう。

(1)

```
Are you using a 10X0 series card? (y/n):
```

これは、PCに搭載しているGPUの型番が10x0かどうかを聞かれています(xには数字が入ります)。確認して、「y」(yes)もしくは「n」(no)と入力し、Enterキーを押して先に進んでください。(図4.31)。

```
I:¥gakusyu3¥LoRA_Easy_Training_Scripts>install.bat
Submodule 'LyCORIS' (https://github.com/KohakuBlueleaf/LyCORIS) registered for path 'LyCORIS'
Submodule 'sd_scripts' (https://github.com/kohya-ss/sd-scripts) registered for path 'sd_scripts'
Cloning into 'I:/gakusyu3/LoRA_Easy_Training_Scripts/LyCORIS'...
Cloning into 'I:/gakusyu3/LoRA_Easy_Training_Scripts/sd_scripts'...
Submodule path 'LyCORIS': checked out 'c7abd083ad9bc3e18cd3e64b6433eff8525922f6'
Submodule path 'sd_scripts': checked out '1a36f9dc65fb3be8baa9dcbde832048cc5644efa'
setting execution policy to unrestricted
creating venv and installing requirements
Are you using a 10X0 series card? (y/n):
```

「y」もしくは「n」と入力し、Enterキーを押す

図4.31　torchのバージョンを指定

（2）

```
Do you want to install the optional cudnn patch for faster
training on high end 30X0 and 40X0 cards? (y/n):
```

これは、PCに搭載しているGPUがRTX 30x0もしくはRTX 40x0（xには数字が入ります）であるかどうか聞いています。確認して、「y」（yes）もしくは「n」（no）と入力し、Enterキーを押して先に進んでください（図4.32）。

Tips

バージョンによって質問が変わることがあります。見慣れない質問が来たら焦らず翻訳ソフトを使うなどして、適切に回答をしてください。

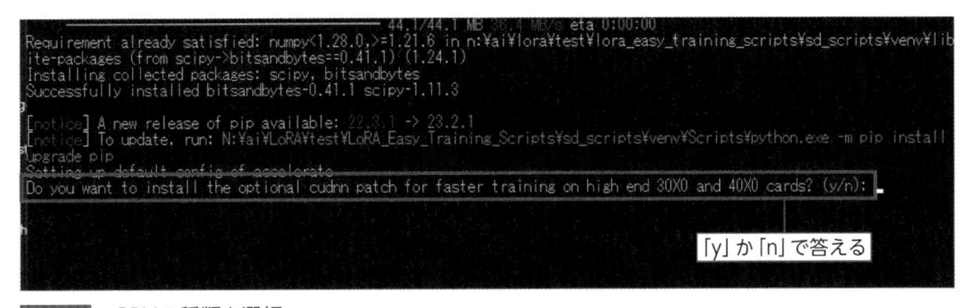

図4.32　GPUの種類を選択

手順4　コマンドプロンプトに「続行するには何かキーを押してください . . .」という文字列が表示されたらインストール完了です。コマンドプロンプトを閉じてください（図4.33）。

```
Setting up default config of accelerate
Do you want to install the optional cudnn patch for faster training on high end 30X0 and 40X0 cards? (y/n): y
[ ] xformers version 0.0.20 installed.
[ ] bitsandbytes version 0.41.1 installed.
[ ] diffusers version 0.21.2 installed.
[+] transformers version 4.30.2 installed.
[!] torch version 2.0.1+cu118 installed.
[!] torchvision version 0.15.2+cu118 installed.
Checking for CUDNN files in N:¥ai¥LoRA¥test¥LoRA_Easy_Training_Scripts¥sd_scripts¥venv¥Lib¥site-packages¥torch¥lib
Copied CUDNN 8.6 files to destination
Completed installing, you can launch the ui by launching run.bat
続行するには何かキーを押してください . . .
```

図4.33　インストール完了

手順5　新しいフォルダに「LoRA_Easy_Training_Scripts」という名前のフォルダが作成されているのを確認します（図4.34）。

環境によってはエラーが出ることがあるので、エラーが出たら「LoRA_Easy_Training_Scripts」ファイルを削除し、もう一度手順2を実行してから手順3で別の選択肢を選びます。

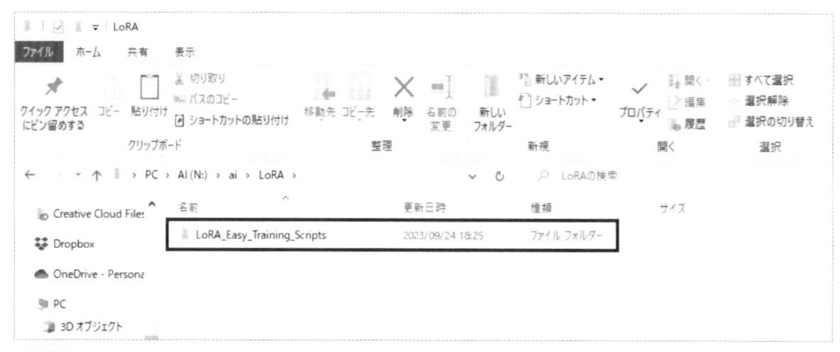

図4.34　「LoRA_Easy_Training_Scripts」フォルダを確認

「LoRA_Easy_Training_Scripts」フォルダを開くと 図4.35 のようになっています。この中の「run.bat」は、131ページの「学習処理」で使用します。

エクスプローラーのデフォルト設定では、拡張子が表示されないようになっています。 図4.35 のようにエクスプローラーで拡張子を表示する方法は、16ページで紹介しています。

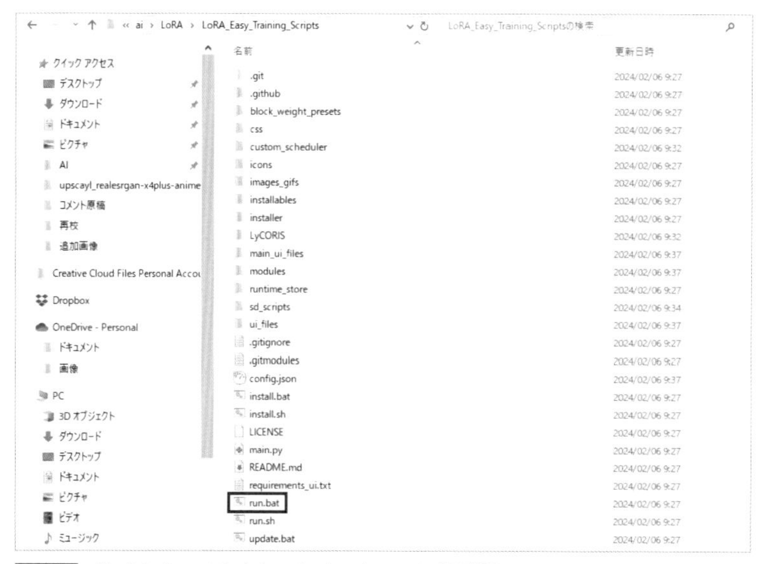

図4.35　「LoRA_Easy_Training_Scripts」フォルダを確認

学習の準備作業

手順が多いため、順を追って解説していきます。学習に取り組む場合は、説明を最後まで読んでから始めるとよいでしょう。また、バージョンや仕様は逐次変更されるため、不明な点があれば外部サイトを参照することをおすすめします。

準備1　覚えさせたい画像を用意します。できるだけ多く、さまざまな向きのもの、画質が良いものを選びます（図4.36）。今回はゴシックドレスを着た女の子の画像を50枚出力し、「ゴシックドレスちゃん」というオリジナルなキャラクターを固定させようと思います。

図4.36　覚えさせたい画像を用意

準備2　タグ付け用の拡張機能「**stable-diffusion-webui-wd14-tagger**」をWeb UIに導入しておきます。

QR **picobyte/stable-diffusion-webui-wd14-tagger ｜ GitHub**
https://github.com/picobyte/stable-diffusion-webui-wd14-tagger

準備3　タグ編集用のツール「**BooruDatasetTagManager**」のReleasesから最新版のzipをダウンロードして解凍しておきます。

QR starik222/BooruDatasetTagManager | GitHub
https://github.com/starik222/BooruDatasetTagManager

タグ付け

準備作業ができたら、次にタグ付けしていきます。

手順1 フォルダを新規作成し、その中に4つのフォルダ「0_gazo」「log」「model」「reg」を作成します（図4.37）。

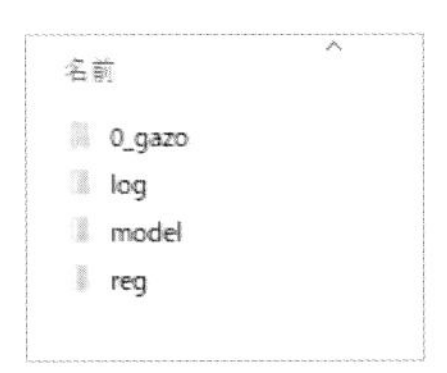

図4.37　4つのフォルダを新規作成

手順2 覚えさせたい画像を「0_gazo」フォルダに配置します。

手順3 「0_gazo」フォルダの名前を変更します。

（1）「0」は繰り返し回数、「gazo」は呼び出し用プロンプトの名前としてリネームします。

（2）学習を行うときは、繰り返し回数×画像枚数＝ステップ数＝1エポックとして取り扱います。ステップが学習の実行数、エポックが学習全体の回数です。たとえば「50_gazo」に20枚の画像が投入された場合、50回×20枚＝1000ステップ＝1エポックとなります。よくわからないうちは、繰り返し回数は、1500÷画像枚数を基準として、出力結果に応じて増減するとよいでしょう[*1]。

（3）呼び出し用プロンプトはすでにある単語（skyやbasketballなど）ではなくオリジナル単語が良いとされています。今回はゴシックドレスがテーマなので、「goshidore」とリネームします。

（4）今回は50枚の画像を配置し、1500ステップ÷50枚=30回の「30_goshidore」とリネームします。

＊1　用意した学習用画像の枚数や解像度、後述する学習タイプやOptimize Typeの相互作用で最適な数値が変わります。

手順4　WebUIの画面に移動し、「タグ付け」タブ ➡「ディレクトリから一括処理」タブを開き、「Input directory」に先ほどの「30_goshidore」フォルダを指定します。「インタロゲート」ボタンをクリックして処理が終わるのを待ちます（図4.38）。

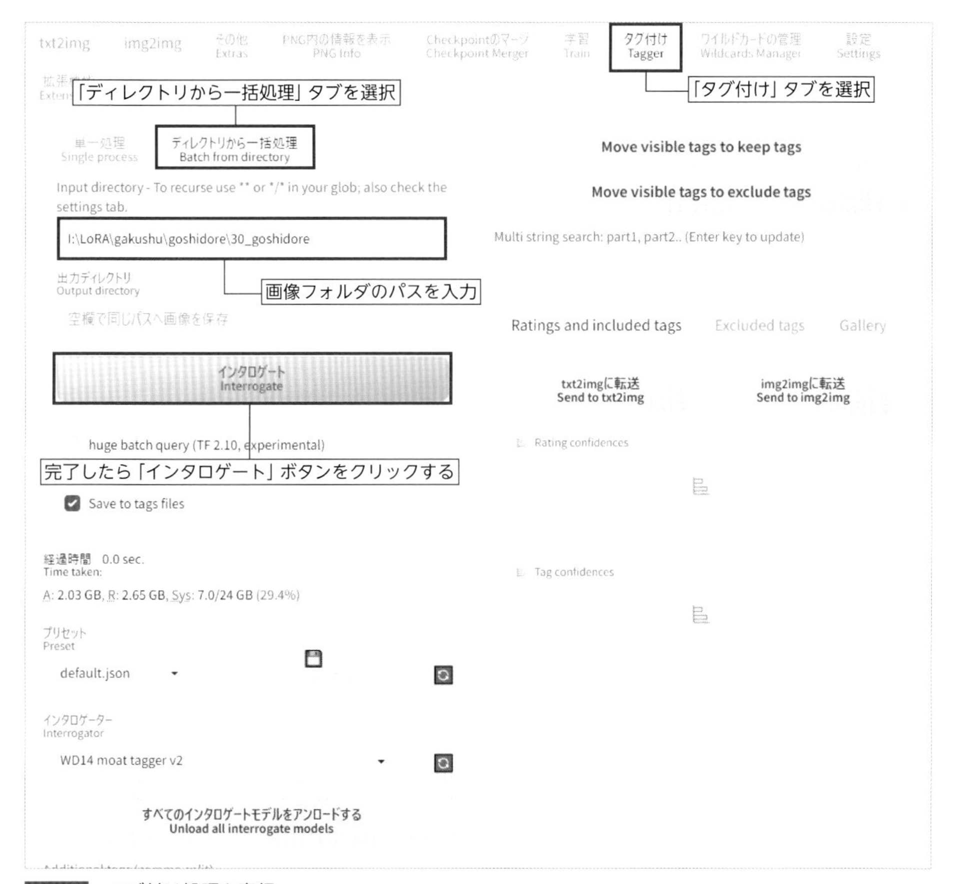

図4.38　タグ付け処理を実行

処理が終わると、各画像のタグが記載されたtxtファイルが作成されます（図4.39）。

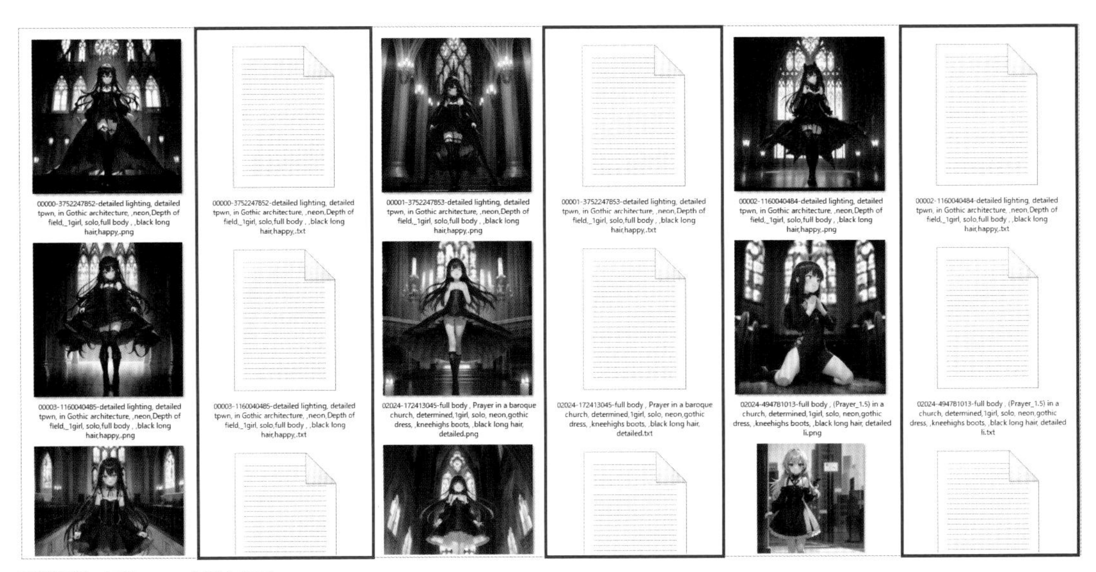

図4.39　画像のタグ付け完了

タグ編集

タグ編集とは、画像を構成する要素のタグを１つのタグにまとめることです。

たとえば、ビーチの写真をタグ編集するケースを考えてみましょう。

ビーチの写真をタグ解析すると、「青い空、白い雲、砂浜、海、海の家、ヤシの木、防波堤、道路、船、ゴミ、ビーチパラソル、海水浴客」であったとします。このときビーチの概念を構成する普遍的要素を考えると、「砂浜、海、」があればビーチと言ってもよさそうです。逆にその他の要素は、季節や場所によって変動するため、必ずしもビーチに存在しない要素です。

この場合、「砂浜、海、」というタグを削除し、新たに「ビーチ」という単語を追加すれば「砂浜、海、」＝「ビーチ」だと学習されます。

編集前のタグ

青い空、白い雲、砂浜、海、海の家、ヤシの木、防波堤、道路、船、ゴミ、
ビーチパラソル、海水浴客

編集後のタグ

ビーチ、青い空、白い雲、海の家、ヤシの木、防波堤、道路、船、ゴミ、
ビーチパラソル、海水浴客

よくわからない場合は、学習させたい単語はすべて削除して、オリジナルの単語を先頭にくっつければよいとだけ覚えてください。

タグ付けがよくわからない場合は、次のサイトも参照してください。

QR キャラクター学習のタグ付け一例
https://rentry.org/dsvqnd

それでは、今回学習を行うゴシックドレスちゃんのタグ編集で何を行いたいかを確認します。

❶ ゴシックドレスの女の子をタグ解析すると、次のようなタグが得られます。

「ゴシックドレスの女の子」のタグ

```
1girl, long hair, pointy ears, solo, smile, looking at
viewer, detached sleeves, navel, sitting, halo, dress,
clothing cutout, bare shoulders, open mouth, boots,
bangs, navel cutout, black dress, thighhighs, breasts,
very long hair, blurry, :d, purple hair, pink eyes, small
breasts, knee boots, black footwear, blurry background,
collarbone, full body, blush, thighs, black hair, long
sleeves, depth of field, black thighhighs, purple eyes,
hair between eyes
```

❷「ゴシックドレスちゃん」に含めたい要素を考え、要素をピックアップします。

①ゴシックドレスちゃんの要素

```
pointy ears, detached sleeves, navel, halo, dress,
clothing cutout, bare shoulders, boots, bangs, navel
cutout, black dress, thighhighs, very long hair, purple
hair, pink eyes, small breasts, knee boots, black
footwear, collarbone, long sleeves, hair between eyes,
black thighhighs
```

②ゴシックドレスちゃん以外の要素

```
1girl, long hair,solo, smile, looking at viewer, sitting,
open mouth, breasts, blurry, :d, blurry background, full
body, blush, thighs, black hair, depth of field, purple
eyes
```

ここで行いたい作業は、ゴシックドレスちゃんを表現する新たなタグ「goshidore」にゴシックドレスちゃんの要素をまとめることです。したがって、「①ゴシックドレスちゃんの要素」で列挙したタグをすべて削除し、「goshidore」を先頭に配置します。

❸ 最終形態を確認します。これにより、削除したタグの要素が「goshidore」にまとめられるということになります。

```
goshidore, 1girl, long hair,solo, smile, looking at
viewer, sitting, open mouth, breasts, blurry, :d, blurry
background, full body, blush, thighs, black hair, depth of
field, purple eyes
```

BooruDatasetTagManagerを用いたタグ編集

手順1　タグ編集を行うために、先ほどの「学習の準備作業」の準備3で用意した「BooruDatasetTagManager」フォルダからBooruDatasetTagManager.exeを起動し、「File」メニューから「Load Folder」を選択します（図4.40）。「30_goshidore」フォルダを開くと、画像とタグが読み込まれます（図4.41）。

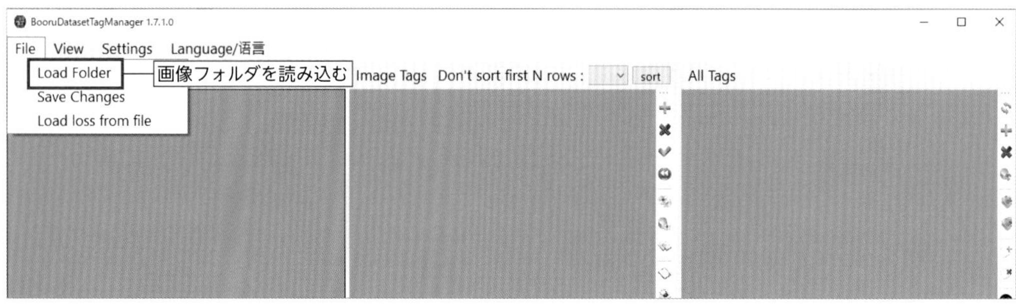

図4.40　「File」メニューから「Load Folder」を選択

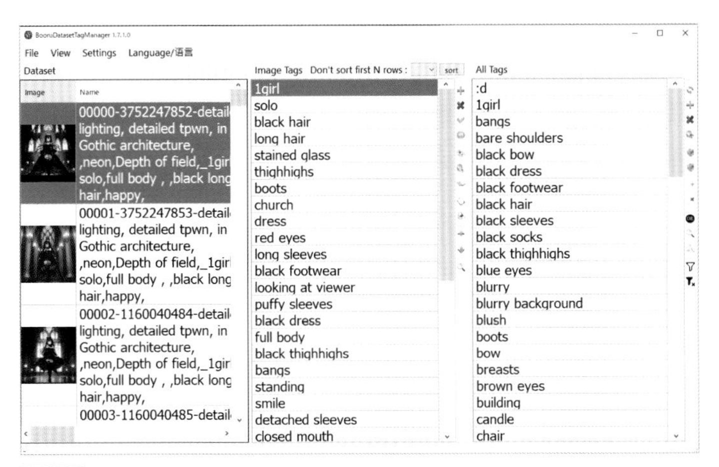

図4.41 「30_goshidore」フォルダを開く

手順2 ここからは、先ほど作成したタグ「goshidore」を、「BooruDatasetTagManager」を用いてタグ編集を行います。

（1）中央の「Image Tags」リストの右にある緑色の「＋」ボタンをクリックして入力欄を作り、「goshidore」と入力します（図4.42）。入力後、緑色のチェックマーク「✓」をクリックして適用します（図4.43）。

図4.42 「Image Tags」リストでの操作

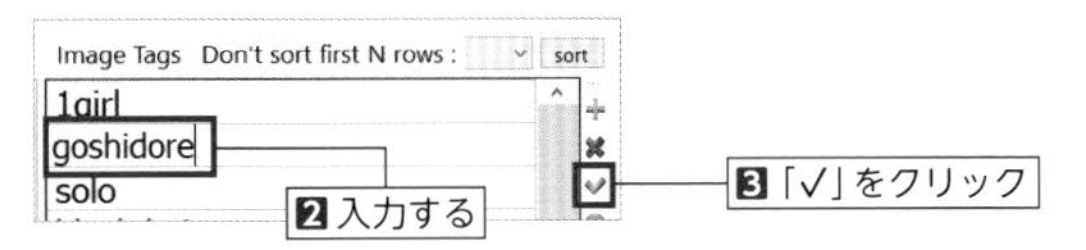

図4.43 「goshidore」を作成

(2) 右側の「All Tags」リストで「goshidore」を選択し、緑色の「+」ボタンをクリックします（図4.44）。表示された「Add tag」画面の「Adding position」のプルダウンで「Top」を選択し、「OK」ボタンをクリックします（図4.45）。これで順番が一番上になります。

図4.44　「All Tags」リストでの操作

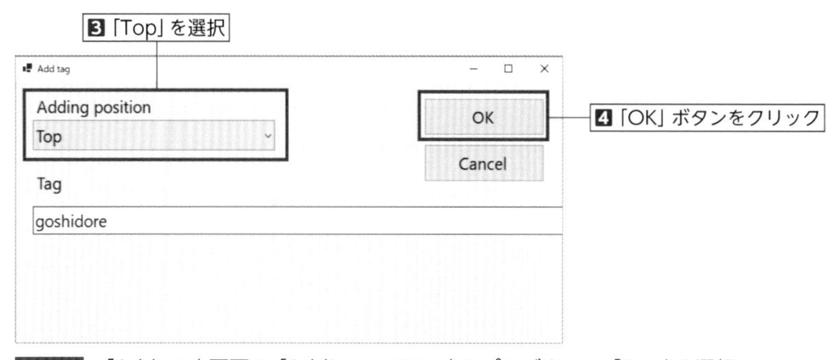

図4.45　「Add tag」画面の「Adding position」のプルダウンで「Top」を選択

(3) 右側の「All Tags」リストから不要なタグを消去します。消去したいタグを選択してから、赤色の「×」ボタンをクリックするとすべての画像から選択したタグが消去されます（図4.46）。

これを今回学習したい要素が存在しなくなるまで繰り返します。

図4.46　不要なタグを消去する

(4) 完了したら、「File」メニューの「Save Changes」を選択して、変更を保存します。これでタグ編集は終わりです。

学習処理

「LoRAのインストール方法」の手順5（121ページ）で作成した「LoRA_Easy_Training_Scripts」フォルダ内の「run.bat」を開きます。しばらくすると、図4.47のような画面とコマンドプロンプトが表示されます。

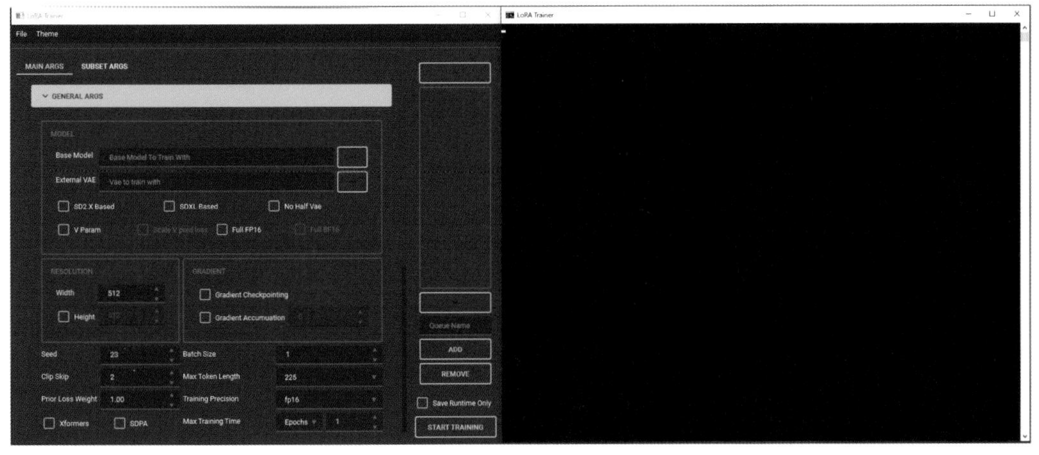

図4.47　run.batを実行し、LoRA_Easy_Training_Scriptsを起動

図4.47 の左側の画面は学習における各種設定を表示し、コマンドプロンプトは内部の処理結果を表示します。両方見える位置に配置するとよいでしょう。

今回は簡単な設定で学習をしてみます。

手順1　「MAIN ARGS」の「GENERAL ARGS」にある「Base Model」にモデルへのパスを入力します。入力欄の右にある緑色の四角をクリックして選択します（図4.48）。今回は冒頭でも使用したHimawariMix-v8.safetensorsのパスを入力します。

Tips

Base Modelとは、LoRAを作成する際に学習元とするモデルのことです。LoRAを卵とすればBase Modelが鶏です。一般にLoRAを作成する場合、使用予定のモデルで学習したほうがよいとされ、学習用画像がイラストならイラスト系、実写なら実写系の出力をするモデルで学習をしたほうがよいとされています。

図4.48　モデルのパスを設定

手順2　すぐ下にある「Batch Size」を1～6程度で設定します（図4.49）。値が大きいほど学習が早くなりますが専用GPUメモリの使用量が増えます。今回は「1」に設定します。

「Max Training Time」は前述のフォルダをリネームしたときに設定したエポックもしくはステップ数を何回行ったら終了とするかを決めます。数が少なすぎると学習が甘くなり、多すぎると「過学習」と呼ばれる、同じ画像しか出力されない状態に陥ります。通常はLoRA作成後の画像生成結果を見ながら微調整を行い適正値を探ります。今回は「10エポック」に設定します。

図4.49 Batch SizeとMax Training Timeの設定

手順3 さらに下のほうにスクロールすると、「NETWORK ARGS」「OPTIMIZE ARGS」など、新しいメニューが表示されます（図4.50）。

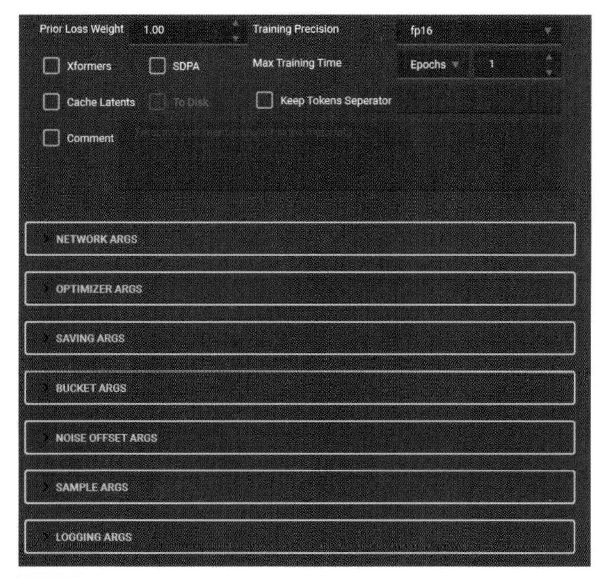

図4.50 「NETWORK ARGS」「OPTIMIZE ARGS」などで詳細設定が可能

（1）「NETWORK ARGS」では、学習タイプを選択できます。「LoRA」もしくはLoRAの亜種を選択できます（図4.51）。学習精度を高めるためには各数値の試行錯誤が必須ですが、ブログなどで学習設定の情報共有をしていることがあるので、精度を求める方は調べてみてください。今回は学習タイプを「LoRA」、その他数値は規定値で進めます。

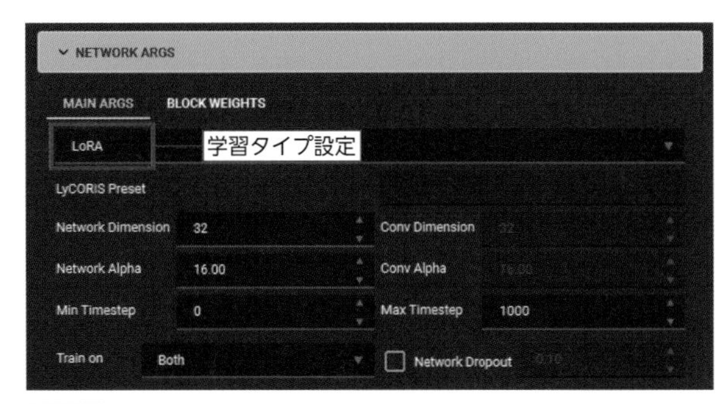

図4.51　「NETWORK ARGS」の設定

（2）「OPTIMIZE ARGS」を開くと、最適化アルゴリズムの選択画面となります（図4.52）。こちらも「NETWORK ARGS」と同様に精度に直結するため試行錯誤が必須です。今回は「Optimize Type」を「AdamW」にしていますが、GPUメモリが少ない場合は「AdamW8bit」を選択してください。その他は規定値で進めます。

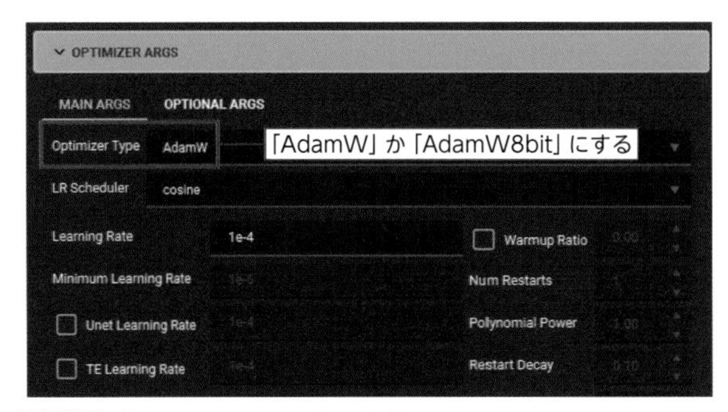

図4.52　「OPTIMIZE ARGS」の設定

（3）「SAVING ARGS」を開くと、出力されたLoRAをどこに保存するかを設定できます（図4.53）。今回は「Output Folder」に前述の「タグ付け」作業の手順1（124ページ）で作成した「model」ファイルを指定しておきます。

「Output Name」を選択してファイル名を設定します。今回は「goshidoretest」とします。

また、「Save Freq」を設定すると、学習が規定数を経過するごとに途中保存をしてくれます。たとえば100エポックで学習が終了するとして、「Save Freq」を10。つまり10エポックごとに保存すると設定した場合、たとえ100エポック目のLoRAが過学習が起きて使い物にならなくても、10、20,・・・80、90エポック時点のLoRAが保存されているため、再度学習を行わなくても過学習が起きていないLoRAを探すことができ、時間の節約になります。今回はテストとして1エポックごとに保存されるようにしてみました。

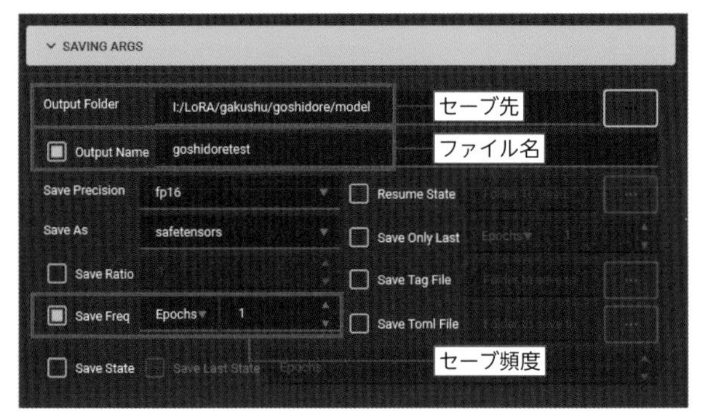

図4.53 「SAVING ARGS」の設定

手順4 設定画面の冒頭に戻り、「SUBSET ARGS」画面に移動します。

「SUBSET 1」メニューの「Input Image Dir」に「タグ付け」の手順3（124ページ）で作成した「30_goshidore」フォルダを設定します（図4.54）。すると「Number of Repeats」が「30」になります[*2]。これが画像フォルダの1エポックの繰り返し回数となります。「Keep Tokens」には「1」と入力します。これは先頭から1つ目のタグまでが重要だと指定できます。

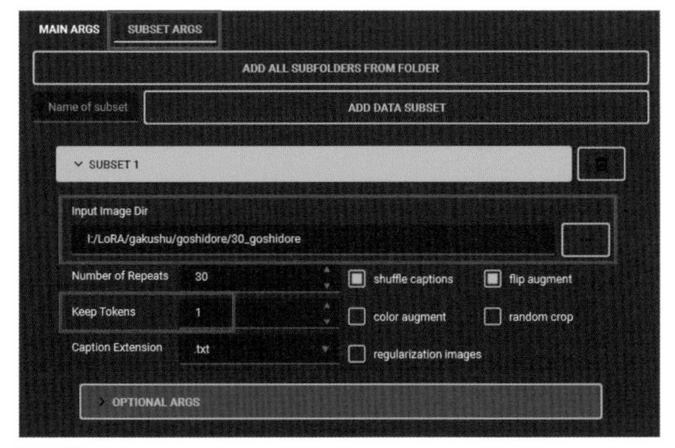

図4.54 「SUBSET ARGS」の設定

＊2 ここで「Number of Repeats」を40と設定した場合は、「Number of Repeats」が優先され、40回繰り返しが行われます。

手順5　設定ができたら画面右端の処理待ちエリアに移動します（図4.55）。「ADD」をクリックすると「UNNAMED」という名前のキューが追加されます。キューに名前を付けたい場合は「Queue Name」に入力し、「ADD」をクリックします。複数の学習をしたい場合に便利です。あとから各キューの設定を変更したい場合は、変更したいキューをクリックすると再設定ができます。

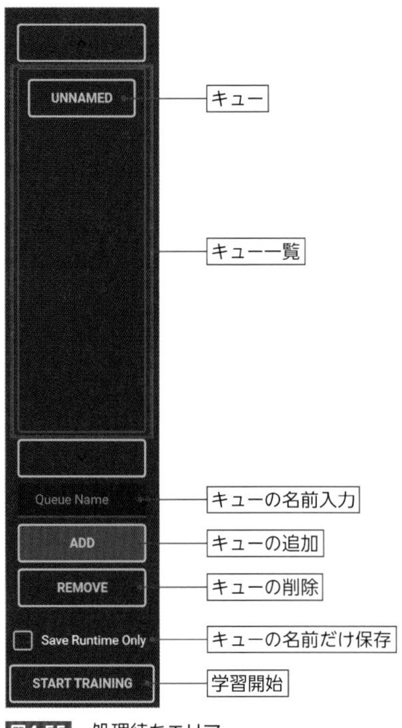

図4.55　処理待ちエリア

手順6　最後に、処理待ちエリア下部の「START TRAINING」をクリックすると、コマンドプロンプトの表示が動き、学習がスタートします（図4.56）。終了時間の予測は「steps」行の右端に書かれています。今回は「2:07:59」と表示されており、2時間ほどかかることがわかります。

終了時間は、バッチサイズ学習枚数、繰り返し回数、エポック数、PCのスペックにより変動します。

徐々にプログレスバーが伸びていき、最後に「saving checkpoint」と表示されたら学習終了です（図4.57）。

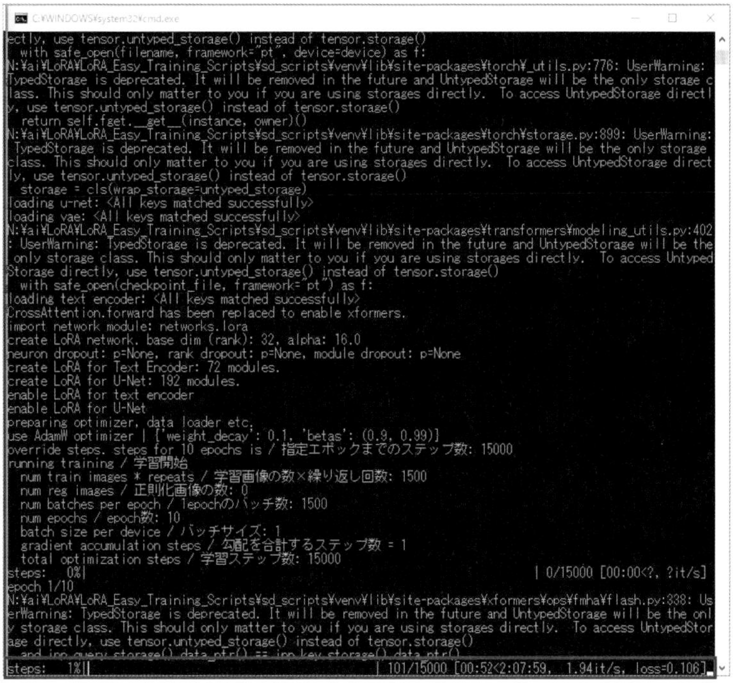

```
C:¥WINDOWS¥system32¥cmd.exe
ectly, use tensor.untyped_storage() instead of tensor.storage()
  with safe_open(filename, framework="pt", device=device) as f:
N:¥ai¥LoRA¥LoRA_Easy_Training_Scripts¥sd_scripts¥venv¥lib¥site-packages¥torch¥_utils.py:776: UserWarning:
TypedStorage is deprecated. It will be removed in the future and UntypedStorage will be the only storage c
lass. This should only matter to you if you are using storages directly.  To access UntypedStorage directl
y, use tensor.untyped_storage() instead of tensor.storage()
  return self.fget.__get__(instance, owner)()
N:¥ai¥LoRA¥LoRA_Easy_Training_Scripts¥sd_scripts¥venv¥lib¥site-packages¥torch¥storage.py:899: UserWarning:
 TypedStorage is deprecated. It will be removed in the future and UntypedStorage will be the only storage
class. This should only matter to you if you are using storages directly.  To access UntypedStorage direct
ly, use tensor.untyped_storage() instead of tensor.storage()
  storage = cls(wrap_storage=untyped_storage)
loading u-net: <All keys matched successfully>
loading vae: <All keys matched successfully>
N:¥ai¥LoRA¥LoRA_Easy_Training_Scripts¥sd_scripts¥venv¥lib¥site-packages¥transformers¥modeling_utils.py:402
: UserWarning: TypedStorage is deprecated. It will be removed in the future and UntypedStorage will be the
 only storage class. This should only matter to you if you are using storages directly.  To access Untyped
Storage directly, use tensor.untyped_storage() instead of tensor.storage()
  with safe_open(checkpoint_file, framework="pt") as f:
loading text encoder: <All keys matched successfully>
CrossAttention.forward has been replaced to enable xformers.
import network module: networks.lora
create LoRA network. base dim (rank): 32, alpha: 16.0
neuron dropout: p=None, rank dropout: p=None, module dropout: p=None
create LoRA for Text Encoder: 72 modules.
create LoRA for U-Net: 192 modules.
enable LoRA for text encoder
enable LoRA for U-Net
preparing optimizer, data loader etc.
use AdamW optimizer | {'weight_decay': 0.1, 'betas': (0.9, 0.99)}
override steps. steps for 10 epochs is / 指定エポックまでのステップ数: 15000
running training / 学習開始
  num train images * repeats / 学習画像の数×繰り返し回数: 1500
  num reg images / 正則化画像の数: 0
  num batches per epoch / 1epochのバッチ数: 1500
  num epochs / epoch数: 10
  batch size per device / バッチサイズ: 1
  gradient accumulation steps / 勾配を合計するステップ数 = 1
  total optimization steps / 学習ステップ数: 15000
steps:   0%|                                                          | 0/15000 [00:00<?, ?it/s]
epoch 1/10
N:¥ai¥LoRA¥LoRA_Easy_Training_Scripts¥sd_scripts¥venv¥lib¥site-packages¥xformers¥ops¥fmha¥flash.py:338: Us
erWarning: TypedStorage is deprecated. It will be removed in the future and UntypedStorage will be the onl
y storage class. This should only matter to you if you are using storages directly.  To access UntypedStor
age directly, use tensor.untyped_storage() instead of tensor.storage()
  and inp.query.storage().data_ptr() == inp.key.storage().data_ptr()
steps:   1%|                                       | 101/15000 [00:52<2:07:59,  1.94it/s, loss=0.106]
```

図4.56 学習の実行中

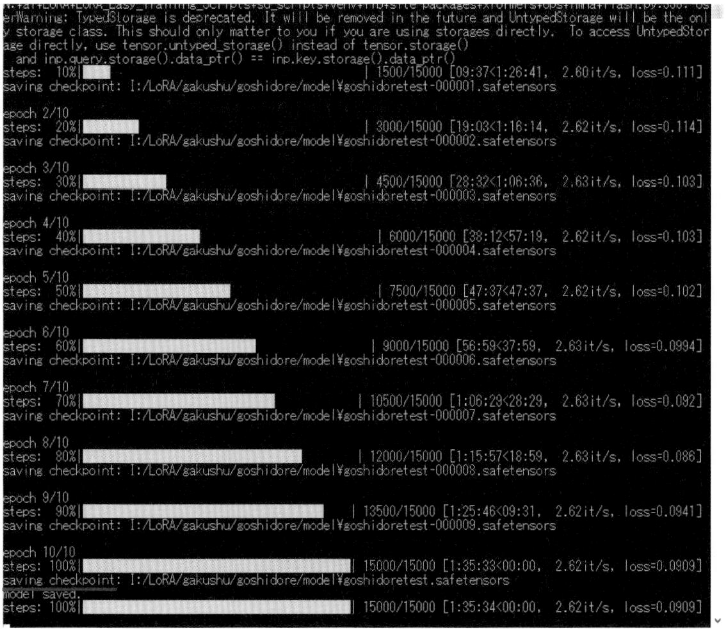

```
erWarning: TypedStorage is deprecated. It will be removed in the future and UntypedStorage will be the onl
y storage class. This should only matter to you if you are using storages directly.  To access UntypedStor
age directly, use tensor.untyped_storage() instead of tensor.storage()
  and inp.query.storage().data_ptr() == inp.key.storage().data_ptr()
steps:  10%|███                          | 1500/15000 [09:37<1:26:41,  2.60it/s, loss=0.111]
saving checkpoint: I:/LoRA/gakushu/goshidore/model¥goshidoretest-000001.safetensors

epoch 2/10
steps:  20%|██████                       | 3000/15000 [19:03<1:16:14,  2.62it/s, loss=0.114]
saving checkpoint: I:/LoRA/gakushu/goshidore/model¥goshidoretest-000002.safetensors

epoch 3/10
steps:  30%|█████████                    | 4500/15000 [28:32<1:06:36,  2.63it/s, loss=0.103]
saving checkpoint: I:/LoRA/gakushu/goshidore/model¥goshidoretest-000003.safetensors

epoch 4/10
steps:  40%|████████████                 | 6000/15000 [38:12<57:19,  2.62it/s, loss=0.103]
saving checkpoint: I:/LoRA/gakushu/goshidore/model¥goshidoretest-000004.safetensors

epoch 5/10
steps:  50%|███████████████              | 7500/15000 [47:37<47:37,  2.62it/s, loss=0.102]
saving checkpoint: I:/LoRA/gakushu/goshidore/model¥goshidoretest-000005.safetensors

epoch 6/10
steps:  60%|██████████████████           | 9000/15000 [56:59<37:59,  2.63it/s, loss=0.0994]
saving checkpoint: I:/LoRA/gakushu/goshidore/model¥goshidoretest-000006.safetensors

epoch 7/10
steps:  70%|█████████████████████        | 10500/15000 [1:06:29<28:29,  2.63it/s, loss=0.092]
saving checkpoint: I:/LoRA/gakushu/goshidore/model¥goshidoretest-000007.safetensors

epoch 8/10
steps:  80%|████████████████████████     | 12000/15000 [1:15:57<18:59,  2.63it/s, loss=0.086]
saving checkpoint: I:/LoRA/gakushu/goshidore/model¥goshidoretest-000008.safetensors

epoch 9/10
steps:  90%|███████████████████████████  | 13500/15000 [1:25:46<09:31,  2.62it/s, loss=0.0941]
saving checkpoint: I:/LoRA/gakushu/goshidore/model¥goshidoretest-000009.safetensors

epoch 10/10
steps: 100%|██████████████████████████████| 15000/15000 [1:35:33<00:00,  2.62it/s, loss=0.0909]
saving checkpoint: I:/LoRA/gakushu/goshidore/model¥goshidoretest.safetensors
model saved.
steps: 100%|██████████████████████████████| 15000/15000 [1:35:34<00:00,  2.62it/s, loss=0.0909]
```

図4.57 「saving checkpoint」と表示されたら学習終了

「SAVING ARGS」で設定した「model」フォルダを確認すると、LoRAが保存されています（図4.58）。「goshidoretest.safetensors」が学習が終了したLoRA、「goshidoretest-00000X.safetensors」（Xには数字が入ります）と書かれているファイルは途中保存のLoRAです。今回は学習が終了した「goshidoretest.safetensors」を使用します。

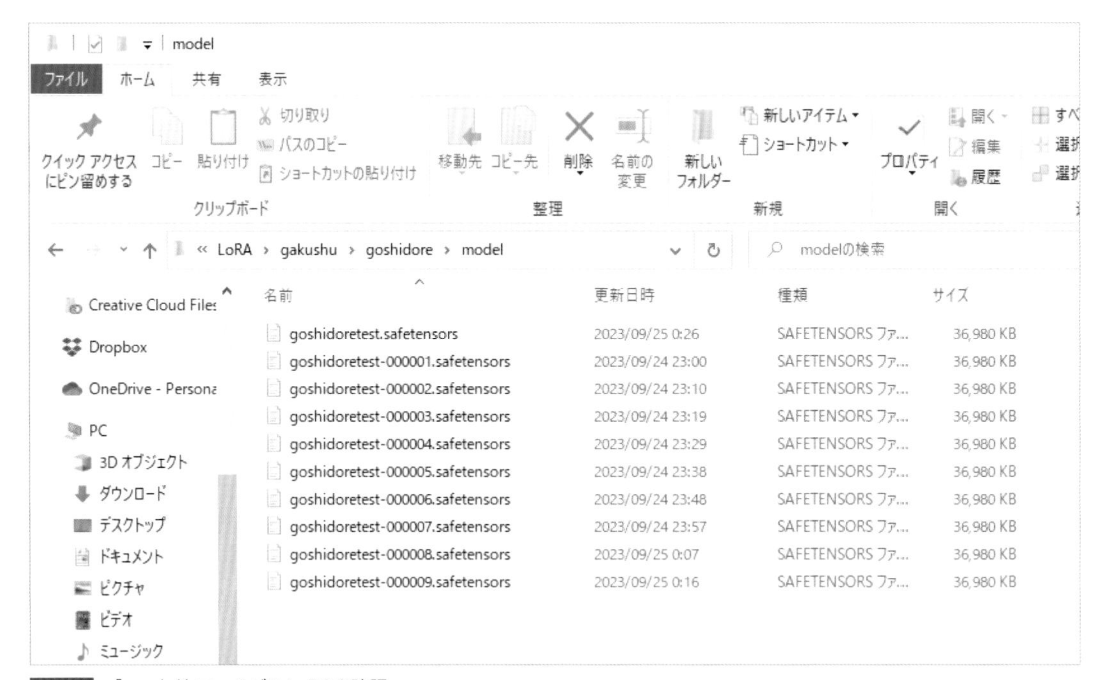

図4.58　「model」フォルダのLoRAを確認

LoRAの使用

学習が完了したら、「SAVING ARGS」で設定したフォルダにあるLoRAをstable-diffusion-webui\models\Loraに配置します。Stability Matrixの場合は、Data\Models\Loraに配置するか、ランチャーの「Checkponts」メニューの「Lora」にドラッグ＆ドロップします（図4.59）。

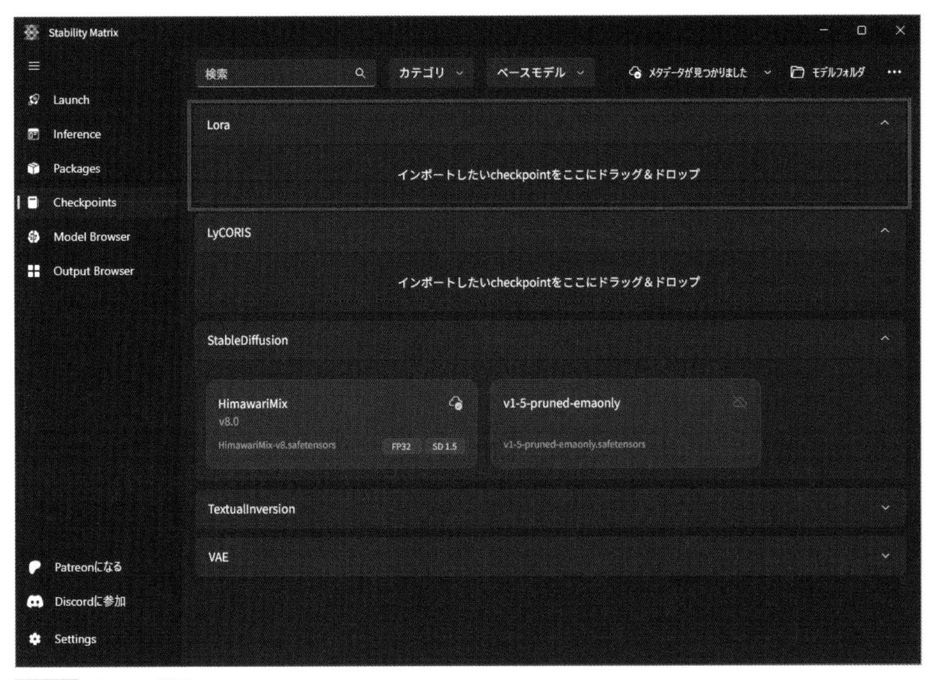

図4.59　Loraの配置

次にLoRAが正しく作成できたか確認してみましょう。
まずはプロンプトを次のように入力します。

```
full body, 1girl, solo, gothic dress, full body, 1girl, solo,
gothic dress
```

その後、画面中段の「LoRA」タブを開き、「goshidoretest」パネルをクリックしてからプロンプトに<lora:goshidoretest:1>を挿入し、画像を生成します（図4.60）。最終的なプロンプトは次のようになります。

```
full body, 1girl, solo, gothic dress, full body, 1girl, solo,
gothic dress, <lora:goshidoretest:1>
```

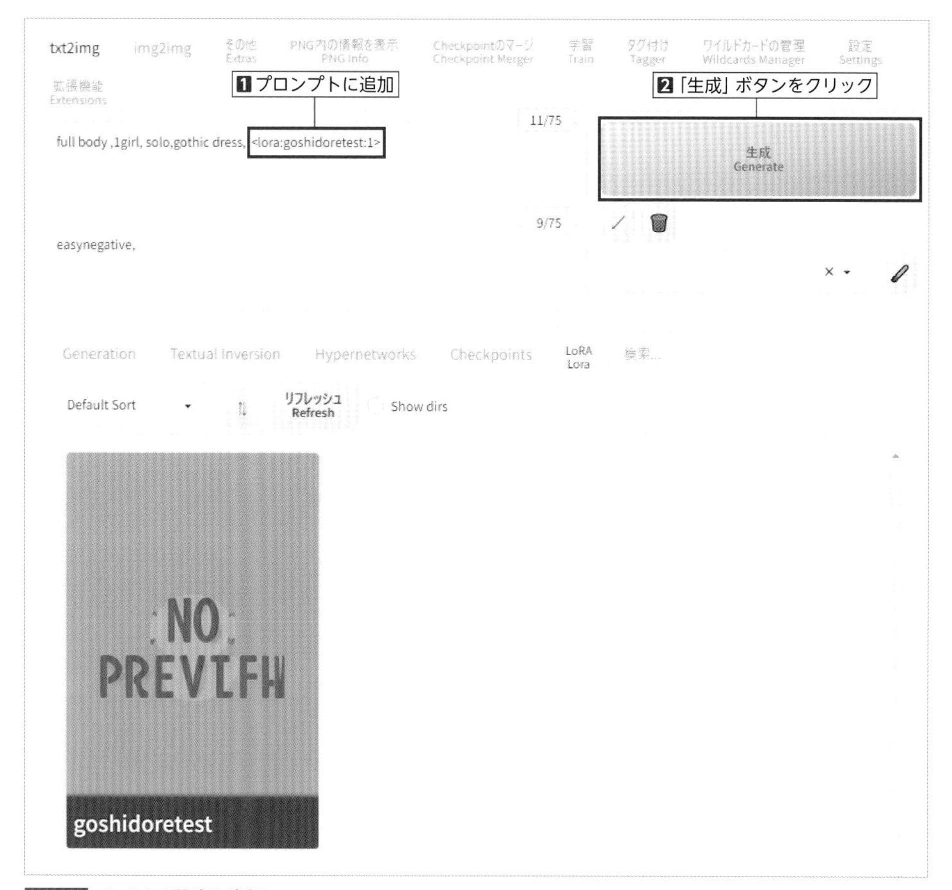

図4.60　LoRAの設定と実行

LoRAがうまく適用されていると、図4.61のように複数の画像を出力しても人物の雰囲気が統一されています。

もし過学習となった場合は、図4.62のような雰囲気の画像が生成されることがあります。この場合は、前述したように、途中保存したLoRAに差し替えるか、LoRA強度を下げて希望どおりの動作をする値を探ります。

図4.61 LoRAがうまく適用された画像

図4.62　過学習の画像の例

X/Y/Zプロットによる強度探索

X/Y/Zプロット（X/Y/Z plot）とは、パラメーターやモデル、プロンプトなどの生成条件を複数設定することで、各種条件で出力された画像の比較表を生成してくれる便利機能です。

今回はX/Y/Zプロット（X/Y/Z plot）の「プロンプトS/R」という機能を使用して複数のLoRA強度を一括実行し、正しい強度を探ります。

X/Y/Zプロットを使うには、画面下部の「スクリプト」から「X/Y/Z plot」を選択します（図4.63）。

図4.63　X/Y/Zプロット（X/Y/Z plot）

「X軸の種類」に「Prompt S/R」（プロンプトS/R）を設定します。さらに右の入力欄「X軸の値」に次のようにカンマ（,）区切りで強調数値を変更して入力します（図4.64）。

```
<lora:goshidoretest:1>, <lora:goshidoretest:0.5>,
<lora:goshidoretest:0.1>
```

このとき、先頭の「<lora:goshidoretest:1>」という文字列がプロンプト欄に存在しないと動作しないため注意してください。

図4.64　X軸の種類（プロンプトS/R）と値の設定

この状態で「生成」ボタンをクリックすると、各値で出力した画像の一覧を表形式で出力できます（図4.65）。

この中から好みの強度を確認し、プロンプトにその値を反映します。

<lora:goshidoretest:1>　　<lora:goshidoretest:0.5>

<lora:goshidoretest:0.1>　　LoRAなし

図4.65　プロンプトS/Rを使用して各種条件を一括適用

5

画像生成AIと著作権

アーティファクト法律事務所　水口瑛介 弁護士

AIを使って生成した画像（AI生成物）は、さまざまな場面で使われるようになっていますが、その利用に際しては著作権の侵害にならないように留意する必要があります。本章では生成AIと著作権に関する論点について、専門家の立場からアーティファクト法律事務所の水口瑛介氏に解説して頂きました。

1. はじめに

生成AIを用いて生成された画像を利用するに際しては、著作権法への配慮が避けられません。生成AIは、出力されたコンテンツが著作権法による保護の対象たる著作物であるか否かなどといった根本的な問題を始めとして、著作権法の制定時（1970年）には想定されていなかった問題を多く生じさせています。

著作権法は、権利の保護だけを目的とするものではありません。権利を保護することによって、文化の発展に寄与することを目的としています。生成AIが急速に普及した現在、このような著作権法の目的に沿うように、著作権の保護と著作物の公正な利用とのバランスが模索されている最中です。

本章では、2023年12月20日に文化審議会著作権分科会制度小委員会の資料として公開された「AIと著作権に関する考え方について（素案）＊1」（以下「素案」といいます）に言及しながら、生成AIがはらむ著作権法上の問題点について説明します。

2. 著作権法に関する前提知識

生成AI特有の議論をする前に、著作権法の基本的な知識を確認しておきましょう。

「著作権」とは、簡単に言えば、著作物をコピーする権利のことです。そして、著作権を有する者、すなわち著作権者は、この著作権を独占することになります。

では、著作権の対象となる「著作物」とは何でしょうか。すべてのイラストが著作物になるわけではありません。著作権者は著作物をコピーする権利を独占するわけですから、すべてのイラストが著作物だとすると不都合だからです。

そこで、イラストではなく文章で考えてみることにしましょう。たとえば、先ほど「著作権とは著作物をコピーする権利です」という説明をしましたが、この文章が著

＊1 文化審議会著作権分科会制度小委員会「AIと著作権に関する考え方について（素案）（令和6年2月29日時点版）」（文化庁）
https://www.bunka.go.jp/seisaku/bunkashingikai/chosakuken/hoseido/r05_07/pdf/94011401_02.pdf

作物であるとして私に著作権があるとすると、同じ文章を他の人が使用できないということになってしまいます。これは著作権法を説明するときに使われるたとえですが、常識に照らして妥当ではないことは明らかでしょう。

何らかの制作物が著作物となるためには、次の要件を備えていることが必要ということが著作権法で定められています。

著作物となる条件

要件① 思想又は感情が含まれていること ⬅人間の関与があること
要件② 創作的であること ⬅何らかの個性が現れていること
要件③ 表現であること ⬅アイデアにとどまらず、具体的な表現に至っていること
要件④ 文芸、学術、美術又は音楽の範囲に属するものであること

このような基本的な知識を前提に、生成AI特有の議論に進んでいきましょう。

3. 生成AIを用いて制作した画像が著作物であるか

AIで生成した画像が著作物であるか否かについては、さまざまな議論があります。

仮に画像が著作物でないとすると、この画像には著作権者がいないことになります。これはつまり、この画像をコピーする権利を独占する人がいないということを意味します。AIを用いて生成した画像が第三者に無断で使われてしまった場合に、その第三者に対して画像の使用をやめろとか、損害賠償を支払えとか、そのような請求ができないということになってしまうのです。

これは、特に生成した画像を商用利用する場合に大きな問題となるでしょう。

画像が著作物となるためには、その画像に「思想又は感情が含まれていること」（要件①）が必要となります。AIは思想や感情を持っていないと考えられるので、人間の一切の関与なくAIが自動的に画像を生成する場合には、この要件を欠くことになります。つまり、生成された画像は著作物ではないということになります。

しかし、Stable Diffusionの場合は、AIが自動的に画像を作ってくれるのではなく、人間がプロンプトを入力して画像を出力させます。このように人間が具体的な指令を与えている場合には、画像に思想又は感情が含まれていると考えてよい、つまり、要件①を満たすと考えられています。

次に、思想又は感情が含まれているだけでなく、創作的であること（要件②）、そ

して、表現であること（要件③）が必要です。

要件②の「創作的であること」とは、何らかの個性が現れているということです。何らかの個性が現れている表現であれば、芸術性やクオリティは問いません。

要件③の「表現であること」とは、アイデアに留まらず、具体的な表現に至っているということです。このような構図にしようというアイデアや、画家の画風については、これには該当しないということになります。

この2つの要件を満たすためには、単に人間がプロンプトを入力するだけでは足りません。

プロンプトの入力という人間のAIへの指示が、アイデアに留まらない具体的な表現であり、その表現に個性があることが必要になります。このような場合には、結果として生成された画像に含まれる創作的な表現に、人間が寄与していると考えられると言えるからです。このような創作的な表現への寄与のことを「創作的寄与」といいます。

何をもって創作的寄与があると言えるかについて、素案では、次のような要素を示しています。

創作的寄与の考慮要素

① 指示・入力（プロンプト等）の分量・内容

AI生成物を生成するに当たって、表現と同程度の詳細な指示は、創作的寄与があると評価される可能性を高めると考えられる。他方で、長大な指示であったとしても表現に至らない指示は、創作的寄与の判断に影響しないと考えられる。

② 生成の試行回数

試行回数が多いこと自体は、創作的寄与の判断に影響しないと考えられる。他方で①と組み合わせた試行、すなわち生成物を確認し指示・入力を修正しつつ試行を繰り返すといった場合には、著作物性が認められることも考えられる。

③ 複数の生成物からの選択

単なる選択行為自体は創作的寄与の判断に影響しないと考えられる。他方で、通常創作性があると考えられる行為であっても、その要素として選択行為があるものもあることから、そうした行為との関係についても考慮する必要がある。

④ 生成後の加筆・修正

人間が、創作的表現といえる加筆・修正を加えた部分については、通常、著作物性が認められると考えられる。もっとも、それ以外の部分についての著作物性には影響しないと考えられる。

AIが生成した画像において人間の創作的寄与が認められるか否かは、これらの考慮要素①から④などを考慮して個別に判断することになります。プロンプトが複雑であったり、プロンプトの修正を行いつつ画像の出力を繰り返したり、出力された複数の画像から1つの画像を選び取ったり、出力された画像に加筆修正を施したりしていると、人間の創作的寄与が認められる方向に働くということになります[＊2＊3]。

4. 第三者が著作権を有するイラストと似た画像が生成されてしまった場合、著作権侵害になるか

AIが、第三者が著作権を持つイラストに似た画像を生成した場合、これが著作権侵害になるのかという問題があります。このような場合に、元イラストの著作権者が、AIが生成した画像を使用している者に対して、何か法的な主張ができるのか、それともできないのかという問題です。

第三者のイラストに似た画像が生成され、これが使用された場合に著作権侵害（複製権侵害、翻案権侵害）となるためには、次の要件が必要になります。

著作権侵害になる要件

要件① 類似性：似ていること

要件② 依拠性：既存の著作物に依拠して創作したこと（知っていて参考にしたこと）

要件③ 故意または過失（損害賠償請求の要件）

要件①は、生成AI特有の議論ではありません。類似性の有無は、表現上の本質的な特徴を直接感得できるか否かという基準によって判断することになります。具体的には、両者を比較し、個性が現れた具体的な表現（アイデアではなく）に共通性があるかを検討することになります。

たとえば、ウサギのイラスト同士の類似性を比較する場合には、ウサギのイラストとして通常予想される範囲内のありふれた表現部分（小さい目や鼻を備えた顔、

＊2 米国著作権局は、著作物として保護されるためには、人間による創作物であることが求められ、人間がプロンプトを入力したのみでは創作性は認められないと指摘しています。
https://copyright.gov/ai/ai_policy_guidance.pdf

＊3 中国の北京インターネット裁判所は、プロンプトの継続的な追加したり、パラメーターを繰り返し調整したことを理由にStable Diffusionで生成した画像の創作性を認めています。
https://www.scmp.com/tech/tech-trends/article/3243570/beijing-courts-ruling-ai-generated-content-can-be-covered-copyright-eschews-us-stand-far-reaching

四肢を備えた白い身体、丸い尻尾など）ではなく、一方のイラストに存在する個性的な表現部分（ウサギなのに耳が短い、手足がとても長い、口が特徴的な形状になっている、タキシードを着ている、スニーカーを履いているなど）が他方に存在するかなどを比較することになります。

要件②は、生成AI特有の議論になります。依拠性というのは、元の画像を知っていて参考にしたかどうかということです。

たとえば、イラストを書いたとしましょう。そのイラストが他人のイラストにそっくりだったとします。このような場合、この他人のイラストの存在を知っており、これに似せようとして書いたとすれば、依拠していたということになるので、要件②を満たすことになります。

他方で、この他人のイラストの存在を知らず、偶然に似てしまったということだとすれば、依拠していなかったということになりますので、要件②を満たさないということになります。

このように人間がイラストを描く場合にはシンプルな話なのですが、生成AIを用いて画像を出力する場合には少し話が異なってきます。なぜなら、生成AIは無数の画像を学習しており、この学習素材の中に当該他人のイラストが含まれている可能性があるからです。生成AIを利用する人間は、AIがどの画像を学習しているかを通常は知りません。しかし、AIがその画像を学習していたために、無意識のうちに参考にしてしまっていたという事態が発生するのです。

まず、当該他人のイラストの存在を知らず、また、AIの学習素材の中に当該他人のイラストが含まれていなかった場合には、生成された画像がたまたま当該他人のイラストにそっくりであったとしても、依拠しているとは言えず、要件②は満たさないことになります。

この点に関して、素案も同様の見解を述べています。

> AI利用者が既存の著作物（その表現内容）を認識しておらず、かつ、当該生成AIの開発・学習段階で、当該著作物を学習していなかった場合は、当該生成AIを利用し、当該著作物に類似した生成物が生成されたとしても、これは偶然の一致に過ぎないものとして、依拠性は認められず、著作権侵害は成立しないと考えられる。

他方で、当該他人のイラストの存在を知っており、これに似せようとしてAIを用いて画像を生成させた場合には、AIが当該他人のイラストを学習していたか否かに関わらず、依拠しているといえ、要件②を満たすことになるでしょう。

たとえば、特定のイラストレーター、絵画、キャラクターなどの固有名詞などをプロンプトとして入力したり、固有名詞までは使わないまでも、当該他人のイラストに似た画像が出力されるようにプロンプトを考えて入力したりするような場合が考えられます。自分で描くか、それともAIを用いて画像を生成するかという手段の違いだけで、似た画像を生み出そうという人間の目的は同じですから、これは当然の結論かと思います。

この点についても、素案も同様の見解を述べています。

> 生成AIを利用した場合であっても、AI利用者が既存の著作物（その表現内容）を認識しており、生成AIを利用して当該著作物の創作的表現を有するものを生成させた場合は、依拠性が認められ、AI利用者による著作権侵害が成立すると考えられる。

問題は、当該他人のイラストの存在は知らなかったものの、生成AIの学習素材の中に当該他人のイラストが含まれていた場合です。このような場合に、出力された画像が当該他人のイラストにそっくりな画像であったとするとどうでしょうか。

つまり、人間はAIが何を学習しているか知らなかったものの、AIがこの画像を学習していて参考にしたというケースです。このような場合に依拠性を認めてよいか否かについては、専門家においても考え方が分かれています。

この点、素案は、次のように述べ、依拠性を肯定する方向性の見解を示しています。

> AI利用者が既存の著作物（その表現内容）を認識していなかったが、当該生成AIの開発・学習段階で当該著作物を学習していた場合については、客観的に当該著作物へのアクセスがあったと認められることから、当該生成AIを利用し、当該著作物に類似した生成物が生成された場合は、通常、依拠性があったと認められ、著作権侵害になりうると考えられる。

私としては、生成AIを利用した人間が認識していないのにもかかわらず依拠性が認められてしまうと不意打ちになってしまいますし、一般に生成AIの利用者はAIが学習した素材の具体的内容を知ることは困難ですから、この素案の見解についてはネガティブな意見です。この点はまだ議論が行われている最中です。

もっとも、このような場合に依拠性を認めるとしても、人間に故意または過失がない（要件③を満たさない）と評価されると考えられます。

画像の使用の差止請求を行うためには使用者の故意または過失は不要ですが、損害賠償請求を行うためにはこれが必要となります。

つまり、このような場合には、生成した画像の使用の差止請求のみができるということになりそうです。具体的には、生成した画像が使用されている書籍の出版を停止することや、生成した画像をウェブサイトから削除することを求めることができるということになります。

生成した画像が既存のイラストに似ていた場合に著作権侵害になるか否かについて、素案における判断基準をまとめると次のフローチャートのようになります（図5.1）。

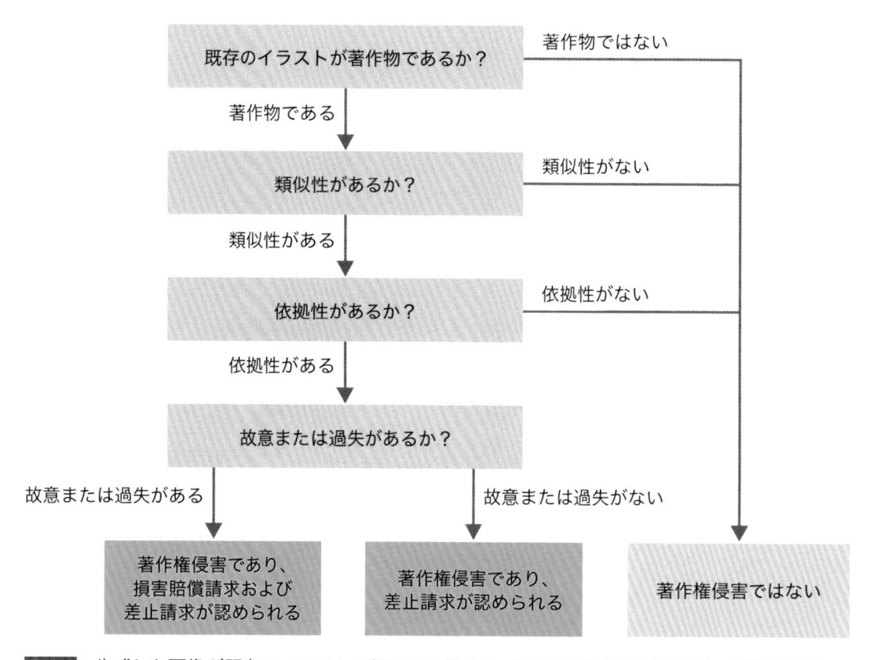

図5.1　生成した画像が既存のイラストに似ていた場合に、著作権侵害になるか否かの判断基準

5. 自分のイラストが生成AIの学習に使用されることを拒否できるか

（1）情報解析の目的での利用

イラストレーターからすれば、自分のイラストを学習されることで、自分のイラ

ストの作風と似た作風の画像が生成されてしまう可能性があること、そして、これにより自分の仕事が失われてしまう可能性があることから、AIの学習素材にされることに抵抗がある方も多くいるようです。

そこで、イラストの著作権者が、自分のイラストをAIの学習に使用されることを拒否できるかということが問題となります。イラストは多くの場合は著作物ですから、著作権者たるイラストレーターの許諾なく利用できないということが原則になります。もっとも、AIの学習という形態の利用については、日本の著作権法には例外的な規定があります(マーカーは引用者)。

(著作物に表現された思想または感情の享受を目的としない利用)
第30条の4
著作物は、次に掲げる場合その他の当該著作物に表現された思想または感情を自ら享受し又は他人に享受させることを目的としない場合には、その必要と認められる限度においていずれの方法によるかを問わず利用することができる。ただし、当該著作物の種類及び用途並びに当該利用の態様に照らし著作権者の利益を不当に害することとなる場合は、この限りでない。
(略)
二　情報解析(多数の著作物その他の大量の情報から、当該情報を構成する言語、音、影像その他の要素に係る情報を抽出し、比較、分類その他の解析を行うことをいう。第四十七条の五第一項第二号において同じ。)の用に供する場合
(略)

著作権法30条の4は平成30年の著作権法改正でできた条項ですが、情報解析の目的で著作物を利用することを認めています。そして、この情報解析には、AIの学習のための利用が含まれるとされています。

著作物の経済的な価値が著作物に表現されている思想や感情を享受することにあると考えれば、その享受を目的としない利用、つまり、著作物を五感を用いて鑑賞するわけではない利用については、著作権法が保護するべきものではないと考えることができます。AIの学習のための利用は、具体的には、生成した画像が使用されている書籍の出版を停止することや、生成した画像をウェブサイトから削除することを求めることができるということになります。このような利用態様について著作権法で保護する必要がないと考えることができるのです。

この条項により、生成AIが第三者が著作権を有するイラストを学習して利用したとしても、原則的には著作権侵害にはなりません。このように、著作権法30条の4

によって、日本では著作物を解析してAIが学習することについては適法とされているのです。

もっとも、著作権法30条の4が情報解析を適法としている趣旨は前述のとおりですから、情報解析であれば何でも許されるというわけではありません。情報解析の目的があるとしても、それとともに著作物に表現されている思想や感情を享受する目的が併存する場合には、この規定の適用外ということになります。

この点について素案は次のような場合には、思想や感情を享受する目的が併存すると評価されるであろうと説明しています。

- 追加的な学習のうち、意図的に学習データに含まれる著作物の創作的表現をそのまま出力させることを目的としたものを行うため、著作物の複製等を行う場合。
- AI学習のために用いた学習データに含まれる著作物の創作的表現を出力させる意図は有していないが、既存のデータベースやWeb上に掲載されたデータに含まれる著作物の創作的表現の全部又は一部を、生成AIを用いて出力させることを目的として、著作物の内容をベクトルに変換したデータベースを作成する等の、著作物の複製等を行う場合。

学習した素材をそのまま出力して鑑賞の対象とさせようとする目的があったり、データを検索してその全部又は一部を出力させ、出力させたデータを鑑賞の対象とさせようとする目的がある場合には、許されないということになります。

(2) AI学習の拒否

では、イラストレーターなどイラストの権利者は、AIによる学習を拒否することができるでしょうか。

まず、イラストレーターがAI学習禁止という意思を表明しておくことで、AIの学習を拒否できないかという発想があります。X (旧Twitter) のアカウントにそのように書いているイラストレーターの方もいるようです。しかし、この著作権法30条の4が存在する以上、イラストレーターが一方的に学習を拒否する意思を示したとしても、この拒否に法的な効力は生じないと考えられます。法律上は、一方的な意思ではなく、双方の意思が合致した場合にのみ、法的な効力が発生するとされているからです。

たとえば、「無断駐車したら罰金100万円」といった看板があったりしますが、これと同じです。無断駐車した人は罰金100万円に同意した上で駐車したわけではないので、土地の持ち主との合意が成立しておらず、この看板には無断駐車した人に100万円を支払わせる法的効力をもたないということになります。つまり、イラストの横にAI学習禁止の注意書きが添えてあるだけでは、この注意書きの内容を承諾したと評価できず、合意が成立したとは言えないということです。

逆に言えば、AIによる学習禁止について、合意があると評価できる場合には、拒否することができます。たとえば、学習禁止というルールが明確に利用規約に書かれており、この利用規約に同意した場合にのみイラストをダウンロードすることができるということであれば、利用者は同意した上でダウンロードしたわけですから、AI学習をしないという合意があると評価できるでしょう。

(3) 著作権者の利益を不当に害する場合

日本では、著作物を解析してAIが学習することは著作権法30条の4により適法と説明しました。そのため、著作物を自由にAI学習できる日本は、AI学習天国であると言う人もいます。

もっとも、この30条の4という規定には「ただし、当該著作物の種類及び用途並びに当該利用の態様に照らし著作権者の利益を不当に害することとなる場合は、この限りでない。」という例外があります（マーカーは引用者）。

> （著作物に表現された思想または感情の享受を目的としない利用）
> 第30条の4
> 著作物は、次に掲げる場合その他の当該著作物に表現された思想または感情を自ら享受し又は他人に享受させることを目的としない場合には、その必要と認められる限度においていずれの方法によるかを問わず利用することができる。ただし、当該著作物の種類及び用途並びに当該利用の態様に照らし著作権者の利益を不当に害することとなる場合は、この限りでない。
> （略）
> 二　情報解析（多数の著作物その他の大量の情報から、当該情報を構成する言語、音、影像その他の要素に係る情報を抽出し、比較、分類その他の解析を行うことをいう。第四十七条の五第一項第二号において同じ。）の用に供する場合

そのため、AI学習が著作権者の利益を不当に害するものであるとすれば、例外的に許されないということになります。

1
2
3
4
5
6

文化庁著作権課は、どのような場合にこれに該当するかについて、「デジタル化・ネットワーク化の進展に対応した柔軟な権利制限規定に関する基本的な考え方（著作権法第30条の4、第47条の4及び第47条の5関係）」において、次のような基準を示しています。

- 著作権者の著作物の利用市場と衝突するか
- 将来における著作物の潜在的市場を阻害するか

そのため、「著作権者の利益を不当に害する」か否かは、これらの基準に照らして、具体的に検討することになるでしょう。

たとえば、特定のイラストレーターのイラストのみを学習して、そのイラストレーターっぽい画像を出力することを目的にしたサービスを提供するとしましょう。そのような目的であっても、結果として作風（あくまでアイデアのレベルにとどまる）が似た画像が出力されるのみであれば、直ちに著作権者の取引機会が失われているとまでは評価できないと考えられ、著作権者の利益を不当に害するものとはいえず、学習は禁止されないということになるでしょう。

他方で、アイデアのレベルにとどまる作風ではなく、具体的な表現として当該イラストレーターの作品と類似性がある（つまり、当該イラストレーターの著作権を侵害する画像が生成されることとなる）と評価できるような場合には、許諾なくして学習は許されないということになります（このような場合にはそもそも情報解析目的として許されないという評価もあろうかと思われます）。

イラストレーターAの作品っぽい画像が出力されるに過ぎないということではなく、イラストレーターAの実際の作品に類似した画像が出力されるということでないと、イラストレーターAの利益を不当に害することとなる場合とはいえないということです。

この点、素案は、次のように述べ、これと同趣旨の見解を示しています。

> 作風や画風といったアイデア等が類似するにとどまり、既存の著作物との類似性が認められない生成物は、これを生成・利用したとしても、既存の著作物との関係で著作権侵害とはならない。
>
> 著作権法が保護する利益でないアイデア等が類似するにとどまるものが大量に生成されることにより、特定のクリエイターの市場が経済的に圧迫される自体が生じることは想定しうるものの、当該生成物が学習元著作物の創作的表現と共通しない場合には、著作権法上の「著作権者の利益を不当に害することとなる場合」には該当しないと考えられる。

なお、この点に関しては、アイデアと創作的表現との区別は、具体的事案に応じてケースバイケースで判断されるものであり、（中略）特定のクリエイターの作品である著作物のみを学習データとして追加的な学習を行う場合、当該作品群が、当該クリエイターの作風を共通して有している場合については、これにとどまらず、表現のレベルにおいても、当該作品群には、これに共通する表現上の本質的特徴があると評価できる場合もあると考えられることに配慮すべきである。

イラストや文章をAIの学習に利用できるか否かについて、素案における判断基準をまとめると次のフローチャートのようになります（図5.2）。

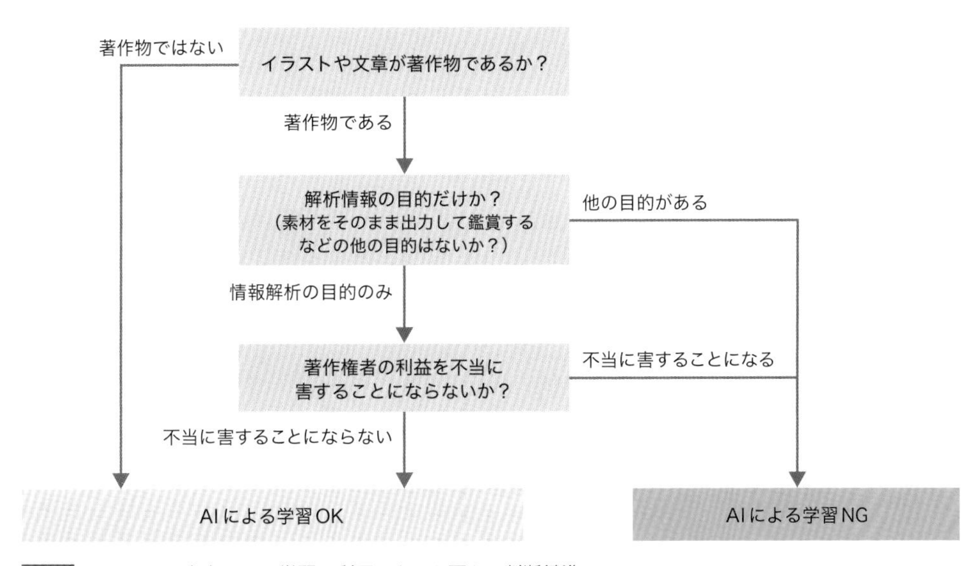

図5.2 イラストや文章をAIの学習に利用できるか否かの判断基準

(4) 海外の状況

先ほど、「日本では」著作物を解析してAIが学習することは適法であると説明しました。つまり、海外では異なる状況にあります。

アメリカでは、日本の著作権法30条の4のようにAIによる学習を適法とする個別的な規定は存在しません。もっとも、フェアユースという抽象的な規定（公正な利用の場合には著作物を無許諾で利用できる）があり、AIによる学習がこの公正な利用に該当するか否かが問題となります。実際に、アメリカでは多数の訴訟が提起されています[*4]。

EUでは、Digital Single Market著作権指令（DSM著作権指令）にAI学習に関する規定が存在し、これを受けて各国が国内法を制定する義務があります。そして、このDSM著作権指令には、AIによる学習利用を拒否する権利（オプトアウト権）が認められています。

2023年10月、フランスの音楽著作権管理事業者であるSACEMは、この権利を行使して、SACEMが管理する楽曲について、AI学習を禁止する（学習に使用するためには利用料を支払うことを求める）という姿勢を示しました[*5]。

このように日本と海外各国とでは、AI学習に関する法律の規定内容が大きく異なっています。もっとも、日本でも、著作物を自由にAI学習に利用できる状況は望ましくないという立場から、著作権法の改正を求める動きがあります[*6]。

6. まとめ

ここまで見てきたように、生成AIは、さまざまな著作権法上の問題点をはらんでいます。AIを用いて生成した画像を使用する場合、特に商用利用する場合には、著作権侵害とならないように注意をする必要があります。

ここまでの解説は、2024年2月時点の法律や議論に基づくものです。生成AIの著作権法上の問題は、現在進行形で議論が行われていますし、法整備も追いついていない状況です。今後、議論が深まったり、裁判の判決がでたり、新しい法律やガイドラインが整備されたりしていくことになるでしょう。その結果、この章の解説が妥当でないものになってしまう可能性もあります。そのため、生成AIを活用される際には法改正や最新の議論に注意を払いながら利用されることをおすすめします。

＊4　ニューヨークタイムズ社がChat GPTを開発したOpenAI社に対して提起した著作権侵害訴訟提起
https://www.bbc.com/japanese/67831445
書籍の著書がOpenAI社に対して提起した著作権侵害訴訟
https://www.reuters.com/legal/microsoft-openai-hit-with-new-lawsuit-by-authors-over-ai-training-2024-01-05/

＊5　AIの音楽データ使用にオプトアウト権を行使（フランス）
https://www.jetro.go.jp/biznews/2023/10/8295a3a7ed95b0b7.html

＊6　日本新聞協会「生成AIに関する基本的な考え方」
https://www.nikkei.com/article/DGXZQOUA26BA20W3A021C2000000/
一般社団法人日本音楽著作権協会「生成AIと著作権の問題に関する基本的案考え方」
https://www.jasrac.or.jp/release/23/07_3.html

6

プロンプト集

はじめに

これまでの解説で一通りプロンプトについては学んだことになります。さらにプロンプトを学習するには、必要に応じて対応するタグを辞書やネットで調べるのがおすすめです。しかしながら、タグは英語で記述されているため、いわゆるスラング（俗語）のような辞書に載っていないものも多用されています。ネットで検索してスラングの意味がわかったとしても、どのような画像になるのかわからないことがあります。

そこで本書ではスラングも含めて基本的なものを網羅し、実践で使えるプロンプト集を作成しました。実際にプロンプトに指定して試してみてください。

「クオリティタグ」はさまざまな観点から品質を向上させたいときに使えるプロンプトです。「基本構図」は、人物メインで構図を指定したいときに参考にしてください。「光」はライティングに関するプロンプトです。「髪型」、「髪色」、「目」、「目の色」、「口元」、「世代・体型・肌」、「表情」はそれぞれを指定して得られるサンプルです。「人物以外のプロンプト」は、生成させる画像表現の「スタイル」、「動物」の生成例、「背景」は、背景のバリエーション例です。

また、すでに出力した画像からプロンプトを微調整する方法も効果的なため、筆者が出力した画像のプロンプトを章末の「制作サンプルとプロンプト」に掲載しました。プロンプト作成の参考にしてみてください。

モデルによって特定のプロンプト効果が発揮されにくいことがあるため、使用する際には強調表現や、別の表現に言い換えるなどをして望みの出力になるまで試行錯誤してみましょう。

下記はクオリティタグから表情パートまでで使用した基準プロンプトです。出力の際の参考にしてください。

基準プロンプト

プロンプト：

```
1girl, white shirt,black hair, short hair
```

ネガティブプロンプト：

```
worst quality,low quality, lowres
```

出力例

クオリティタグ

amazing shading
影の描き込みを増やす

beautiful detailed eyes
目の描き込みを追加する

best quality
質感が向上する（ultraなど接頭語を変更可）

by famous artist
アート感が増す

caustics
光の質感が向上する

cinematic lighting
映画のような光効果が加わる

detailed
細部の描き込みが増える

dynamic lighting
ダイナミックな光

extremely detailed CG
超高精細なCG っぽくなる

high resolution
細部の描き込みが増える

incredibly absurdres
質感の向上

masterpiece
定番の画質向上タグ

novel illustration
ライトノベルの挿絵風

official art
設定資料集な絵に近づく

perfect anatomy
多腕多脚を抑制する

production art
設定資料集な絵に近づく

super detailed skin
肌の描き込みが増える

textile shading
素材のリアル感が出る

ultra-detailed
detailedと似た効果

unity 8k wallpaper
detailedと似た効果

high contrast
コントラストを上げる

realistic
実写寄りにする

photo realistic
カメラで撮影したような質感を出す

RAW photo
高解像度写真の雰囲気を出す

photography
カメラで撮影したような質感を出す

depth of field
ボケ感を出す

コラム

ネガティブプロンプト

ネガティブプロンプトは、生成される画像から希望しない要素を排除するときに使います（指定方法については49ページ以降を参照してください）。効果があるとされているネガティブプロンプトと簡単な説明を以下に挙げておきます。想定していた画像が出力されないときに試してみてください。

- age spot：皮膚のシミがひどいときに指定する
- bad anatomy：体のバランスが悪いときに指定する
- bad ○○：「bad legs」のように、○○に体の部位を入力すると改善が見込める
- bad quality：質感が向上する
- blurry：揺れやボケが発生したときに指定する
- extra digit：指の数がおかしいときに指定する
- jpeg artifacts：jpeg のノイズが出るときに指定する
- low quality：質感が向上する
- lowres：質感が向上する
- missing ○○：「missing arms」のように、○○に体の部位を入力すると改善が見込める（出力されるようになる）
- out of focus：画角から外れているときに指定する
- text：文字を出力したくないときに指定する
- ugly：作画のバランスやフォームが崩れたときに指定する
- worst quality：質感が向上する

基本構図

1boy
男性が1人いるとする　数値は可変

1girl
女性が1人いるとする　数値は可変

POV
一人称視点

ceiling
天井が見えるような画角になる

face focus
顔にフォーカスした構図にする

hand focus
手にフォーカスした構図にする

back focus
背中にフォーカスした構図にする

cheek-to-cheek
頬を寄せあう

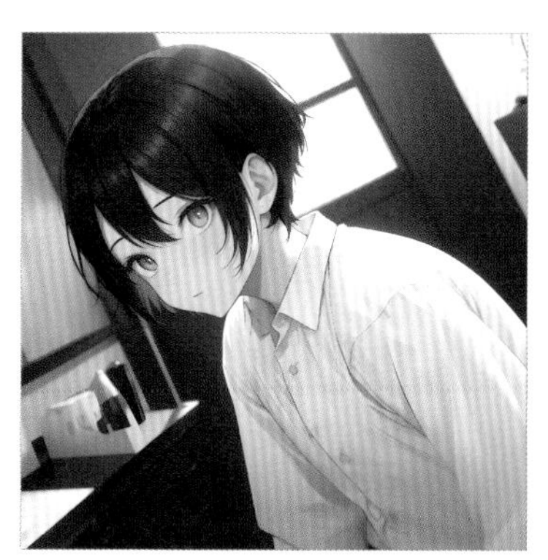
cinematic angle
映画っぽい画角になる

close up
被写体のアップ

dynamic angle
ナナメ撮りなど躍動感あふれる構図になる

face only
顔のアップ

fisheye lens
魚眼レンズのゆがみが出る

full body
全身を見せる

from front
正面方向からカメラを向ける

from side
側面方向からカメラを向ける

from above
斜め上方向からカメラを向ける

from behind
背面方向からカメラを向ける

from below
下方向からカメラを向ける

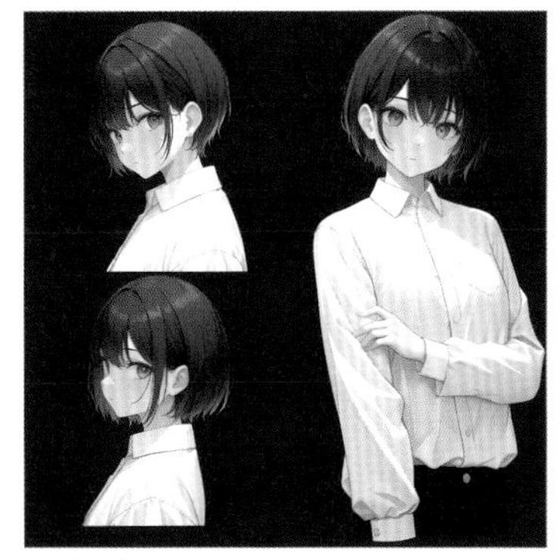

multiple views
複数の視点から対象物を描く

on the screen of smartphone
camera app frame
スマホ撮影風フレーム

solo
一人を強調したいときに

spoken ellipsis
会話風吹き出しが出る

spoken question mark
はてなマークが入った吹き出しが出る

spoken exclamation mark
「！」が入った吹き出しが出る

spoken musical note
音符が入った吹き出しが出る

upper body
上半身をアップにする

wide shot
カメラをひいて全景を見せる

光

abstract strong light
抽象的な光

backlighting
逆光

black smoke
スモークが出る

bloom
きらめく効果を入れる

shiny
きらめく効果を入れる

glowing
きらめく効果を入れる

bokeh
背景のぼかし

bright
明るくする

cinematic shadows
映画っぽい質感の光になる

colorful lighting
色とりどりの光を加える

dappled sunlight
木漏れ日

darkness
暗さを追加

deep shadows
強めの影

lens flare
レンズフレアの追加

light particles
光の粉を追加

light rays
光線の追加

moonlight
月明かり

natural light
自然な光になる

neon
ネオンライトを追加

spot light
スポットライトの追加

crepuscular rays
放射光の追加

light sparkles
星の粉を追加

stage lights
ステージライトの追加

sunbeam
直射日光の追加

髪型

ahoge
あほ毛

asymmetrical bangs
左右非対称の前髪

bangs
前髪

blunt bangs
前髪ぱっつん

bob cut
ボブカット

braid
編んだ髪

bun head
お団子ヘア

colored inner hair
インナーカラーヘア

curly hair
巻きヘア

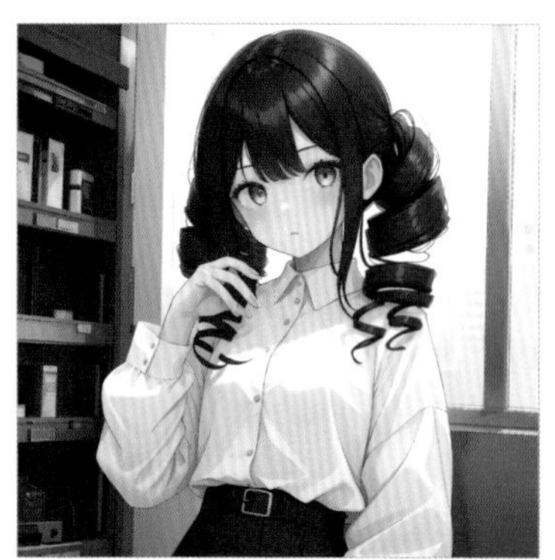

drill hair
お嬢様ドリルヘア

hair between eyes
目の間に前髪を伸ばす

hair over one eye
片目を髪で隠す

hime cut
姫カット

messy hair
ぼさぼさ髪

multicolored hair
複数の色が入った髪

ponytail
ポニーテール

shiny hair
艶がある髪

spiked hair
ギザギザ髪

straight hair
ストレートヘア

short hair
ショートヘア

twintails
ツインテール

髪色

black hair
黒髪

blonde hair
金髪

blue hair
青髪

bronze hair
ブロンズ髪

brown hair
茶髪

gray hair
灰髪

green hair
緑髪

orange hair
オレンジ髪

pink hair
ピンク髪

purple hair
紫髪

red hair
赤髪

silver hair
銀髪

white hair
白髪

yellow hair
黄髪

cinnamon hair
シナモン

cyan hair
シアン

magenta hair
マゼンタ

ultramarine hair
ウルトラマリン

目

big eyes
大きい目

close eyes
閉じた目

constricted pupils
小さめの瞳孔

crazy eyes
狂気に陥った目

cross-eyed
寄り目

dashed eyes
トロンとした目

drooping eyes
垂れ目

empty eyes
光彩が消える

eyelashes
まつ毛を強調する

eyeliner
アイライナーを引く

glowing eyes
瞳を発光させる

heterochromia
オッドアイ

open eyes
目を開く

pupils sparkling
瞳に十字のマークが入る

slant eyes
つり目

looking at the side
見る向きを指定する

star-shaped pupils
星型の瞳孔

目の色

black eye
黒目

blonde eye
ブロンド目

blue eye
青目

bronze eye
ブロンズ目

brown eye
茶色目

gray eye
灰色目

green eye
緑目

orange eye
オレンジ目

pink eye
ピンク目

purple eye
紫目

red eye
赤目

silver eye
銀目

white eye
白目

yellow eye
黄色目

cinnamon eye
シナモン

magenta eye
マゼンタ

ultramarine eye
ウルトラマリン

口元

biting
なにかを噛む

overed mouth
口元を隠す

fang
牙をはやす

half-open mouth
半分口をあける

wavy mouth
ゆがんだ口

mouth finger pull
口を指で引っ張る

open mouth
口をあける

parted lips
薄く口をあける

upper teeth
口角を上げる

stick tongue out
舌を出す

teeth
歯を見せる

世代、体形・肌

child
子供

student
学生

teenage
10代

～ years old
年齢を指定する（出力例は40代）

chibi
SDキャラ・デフォルメ化

gleaming skin
肌の質感向上

mole under eye
泣きぼくろ

mole
ほくろ

muscular
筋肉質になる

oily skin
肌の質感向上

skinny
痩せ

slender
スレンダー

tan
日焼け肌

abs
腹筋

dwarf
小人

overweight
肥満

tiny
小柄

表情

anguish
困り顔

annoyed
イライラ

badmood
険悪なムード

clenched teeth
ニヒ顔

shocked
ショックを受けた顔

disappointed
あきれ顔

evil
小悪魔

facepalm
嘆き

frown
しかめっ面

full-face blush
顔真っ赤

panicking
パニック顔

scared
怖がる

seductive grin smug
強いニヒ顔

glaring
にらみつける

nose blush
赤面（鼻周辺まで）

one eye closed
ウインク

sad
悲しみ

人物以外のプロンプト　スタイル

frame
フレームをつける

lineart
線画

monochrome
モノクロ

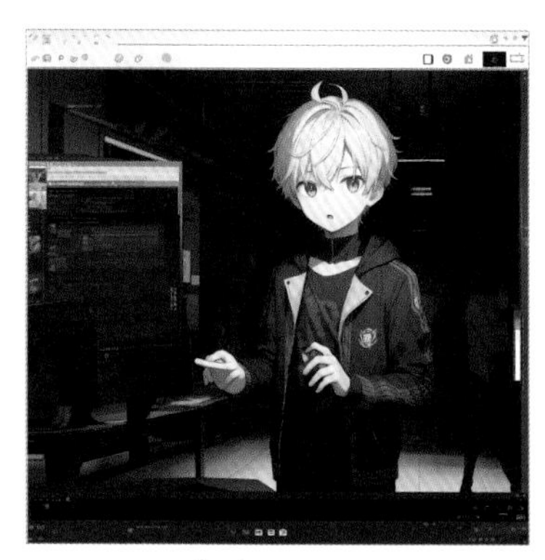

pc screeenshot
スクリーンショット風

pixel art
ピクセルアート

prismatic
プリズム感

psychedelic art
サイケデリックアート

reference sheet
資料集風

spot color
スポットカラー

動物

bear
熊

bird
鳥

cat
猫

dinosaur
恐竜

dog
犬

dracula
吸血鬼

dragon
ドラゴン

fish
魚

giraffe
キリン

Lion
ライオン

lizard
トカゲ

slime
スライム

tiger
虎

elephant
ゾウ

goblin
ゴブリン

koala
コアラ

wolf
オオカミ

背景

crescent moon
アニメ的な三日月

desert
砂漠

dining
食堂

factory
工場

inside
室内（何かの中）

kitchen
キッチン

moon
月

mountain
山

nature
自然

night sky
夜空

night
夜

on the train
電車の中

rain
雨

restaurant
レストラン

river
川辺

school
学校

sky
青空

star (sky)
夜空と青空の中間

street
道端

town
街並み

under sea
海底

制作サンプルとプロンプト

プロンプトの学習はすでに出力された画像のプロンプトを参考にするのが近道です。ここでは筆者が出力した画像と、そのプロンプトを掲載します。

なお出力の際に、自作LoRAやTextual Inversion（第2章65ページで解説）、本書で取り上げたHimawariMix以外のモデルを使用しているため、同じプロンプトを使用しても出力が異なることがあります。

プロンプト：

```
extremely delicate and beautiful, amazing, masterpiece,
1girl, solo, full body, fromfront:1.3,paw pose happy, French twist, perfect
anatomy, (muscular:0.8), groin, thigh gap, slender, multicolored golf skirt,
Golf course, tee ground, backswing, fairway
```

ネガティブプロンプト：

```
(yoga pants:1.2)( leotard:1.3), panty, lower body, (golf club:0.8), under wear,
bedsheet, (worst quality:1.2), (low quality:1.2), (lowres:1.1), (monochrome:1.1),
(greyscale), comic, sketch, pointy ears, thicc, on bed, bedroom
```

プロンプト:

```
(Psychedelic art:1.2), (simple background:1.3), (white
background:1.3), Graffiti art, high contrast, flat illustrations,
wide shot, standing, looking at viewer, masterpiece, high
resolution, high pixel, Master's work, ultra detailed, high
quality, looking at through legs,close-up, (TensorRT:1.3)neon,
galaxy, cyberpunk, flat chestbest, shirt,miniskirt, long hair,
multicolored hair, muscular, detailed lighting, detailed tpwn, a
lot of glowing particles, Depth of field
```

ネガティブプロンプト：

```
(yoga pants:1.2)( leotard:1.3), panty, lower body, (golf
club:0.8), under wear, bedsheet, (worst quality:1.2), (low
quality:1.2), (lowres:1.1), (monochrome:1.1), (greyscale),
comic, sketch, pointy ears, thicc, on bed, bedroom
```

プロンプト:

```
simple background, full body, UI with nodes connected by lines
2boys, mechaclothes, braid, collared in hair, facialmulti-collar
Halo,dynamic pose, Animediff
bracelet, bush,night sky, jewelry, long_hair,magic saint
jewel,pants,
detailed clothing, ornate accessories, sense of cyberpunk and
space opera, full_shot machinesuit beautiful extreamry detail,
<lora:GoodHands-vanilla:0.5>
```

ネガティブプロンプト：

```
EasyNegative (worst quality, low quality:1.4), (badhandv4:1.5),
simple background:1.0
```

プロンプト:

```
chibi, (1girl, solo,:1.5)(monochrome:0.5), colored pencil
\(medium\), line drawing, flat chestbest, shirt, short
pants, long hair, multicolored hair, muscular, detailed
lighting, detailed tpwn, (highlights:1.5), absurdres,
simple_background, <hypernet:Toru8pWavenChibi_
wavenchibiV10b:0.5>
```

ネガティブプロンプト：

```
animal, illustration, anime, wear, EasyNegative,
(worst quality:1.2), (low quality:1.2), (lowres:1.1),
(monochrome:1.1), (greyscale:1.1), comic, sketch,
viewer:1.3 bad_prompt_version2, zoom layer, projected
inset, turn pale
```

プロンプト：

```
1boy, full body,frombelow back focus,(simple background:1.3),
(white background:1.3),Graffiti art, high contrast, flat
illustrations, wide shot, standing, looking at viewer,
masterpiece, high resolution, high pixel, Master's work,
ultra detailed, high quality
```

ネガティブプロンプト：

```
(worst quality, low quality:1.4),(badhandv4:1.5), simple
background:1.0
```

背景素材として作成

プロンプト：

```
colorful paint,simple background, highly detailed
```

ネガティブプロンプト：

```
no humans, bodysuit, EasyNegative, (worst quality:1.2), (low
quality:1.2), (lowres:1.1), (monochrome:1.1), (greyscale:1.1),
comic, sketch, bad_prompt
```

プロンプト:

```
Beautifully detailed and well-drawn backgrounds, 8k, highres,
photorealistic, cinematic light,Hasselblad photography, (8k,
RAW photo, best quality, masterpiece:1.2), (realistic, photo-
realistic:1.37), professional lighting, photon mapping,
radiosity, physically-based rendering, architecture, bare_tree,
bench, blue_sky, building, bush, city, cloud, day, east_asian_
architecture, fence, forest, grass, house, mountain, nature,
no_humans, outdoors, palm_tree, park, park_bench, path, plant,
real_world_location, road, scenery, shrine, sky, stairs, stone_
lantern, street, tree, tree_shade
```

ネガティブプロンプト:

```
EasyNegative, paintings, sketches, (worst quality:2), (low
quality:2), (normal quality:2), lowres, normal quality,
((monochrome)), ((grayscale)), skin spots, acnes, skin blemishes,
age spot, glans, extra fingers, fewer fingers, strange
fingers,bad hand
```

プロンプト:

```
no humans,simple background,warm and inviting lighting, soft
highlights and shadows, sense of depth and realism, and inspiring
a sense of awe and wonder, pre_rendering, unity, full_shot
gorgeous beautiful extreamry detail,
Catstanding up with clothes on
portrait
samurai,
detailed clothing,
sense of tradition and culture,

background of japan landscapes and buildings
```

ネガティブプロンプト：

```
sitting, gaussian noise, worst quality, bad photo, deformed,
disfigured, low contrast, ugly, blurry, rough draft, boring,
plain, simple
```

おわりに

本書では現状主流となっているAUTOMATIC1111版Stable Diffusion Web UIを取り上げ、学習済みモデルを用いてどのように画像を生成するかを解説し、拡張機能や外部ツール、追加学習の説明を行い、第5章では水口瑛介先生に生成AIに関する著作権について解説していただきました。

ここまで読み進められた方は、基本的な生成の流れを理解し、自由な画像生成ができるはずです。

「はじめに」でも示した通り、情報の散逸化は加速の一途を辿っています。現時点でもまとめサイトによって多少なりとも情報の集積化が進んでいるものの、最先端の機能やその検証情報はSNSや個人ブログ、オンラインコミュニティのような場所で玄人向けに発信されているため、初期の導入方法や画像の管理方法、画像生成を快適にする方法などの初心者に必要な情報は得られにくい傾向があります。

本書ではこの課題を取り除くために、図解をメインの解説、各種便利ツールの紹介、オリジナルキャラクターをAIに覚えさせる方法を取り上げ、初心者が最新情報に触れるための基礎知識を中心に解説を行いました。

現状でも、表現力が大幅に強化された「Stable Diffusion3」が発表されたり、ChatGPTと統合した「DALL-E 3」と呼ばれる画像生成AIや、ComfyUIと呼ばれるノード方式のインターフェースが注目を集めるなど将来的に画像生成環境がガラリと変わる可能性はあるものの、依然として根本的な仕組みは変わっておらず、生成の基本さえ理解すればスムーズに理解が可能なはずです。

今後ますます生成系AIの発展が進み、日常生活と切っても切れない時代がやってくるかもしれません。その際に生成系AIを使いこなすための一助となれば幸いです。

索引

プロンプト索引（英語）

プロンプト索引（日本語）

■著者紹介

大﨑 顕一

AIイラストに魅了され2023年1月から作成に取り組む。ファンタジー、サイバーパンク、美人画を中心に作品制作。主にStable Diffusionを使い、AIによってもたらされる予期せぬ美しさからインスピレーションを得て作品に生かす。得られた知見をもとにHow-To本の執筆も手がける。

水口 瑛介

弁護士。アーティファクト法律事務所代表。東京大学法学部卒。音楽、スポーツ、ファッション、インターネットなどエンターテインメント・クリエイティブ分野の案件を多く手掛ける。

● カバーデザイン　bookwall
● 本文設計・組版　有限会社風工舎
● 編集　川月現大（風工舎）
● 制作協力　熊澤 秀道
● 担当　細谷 謙吾

■お問い合わせについて

本書の内容に関するご質問につきましては、下記の宛先までFAXまたは書面にてお送りいただくか、弊社ホームページの該当書籍コーナーからお願いいたします。お電話によるご質問、および本書に記載されている内容以外のご質問には、いっさいお答えできません。あらかじめご了承ください。

また、ご質問の際には「書籍名」と「該当ページ番号」、「お客様のパソコンなどの動作環境」、「お名前とご連絡先」を明記してください。

お問い合わせ先
〒162-0846　東京都新宿区市谷左内町21-13
株式会社技術評論社　第５編集部
「はじめてでもここまでできる　Stable Diffusion画像生成［本格］活用ガイド」質問係
FAX：03-3513-6173

●技術評論社Webサイト
https://gihyo.jp/book/2024/978-4-297-14083-0

お送りいただきましたご質問には、できる限り迅速にお答えするよう努力しておりますが、ご質問の内容によってはお答えするまでに、お時間をいただくこともございます。回答の期日をご指定いただいても、ご希望にお応えできかねる場合もありますので、あらかじめご了承ください。

なお、ご質問の際に記載いただいた個人情報は質問の返答以外の目的には使用いたしません。また、質問の返答後は速やかに破棄させていただきます。

はじめてでもここまでできる
Stable Diffusion画像生成［本格］活用ガイド

2024年　4月　5日　初版　第１刷発行
2024年　7月 25日　初版　第２刷発行

著　者　大﨑 顕一、水口 瑛介
発行者　片岡　巌
発行所　株式会社技術評論社
東京都新宿区市谷左内町21-13
電話　03-3513-6150　販売促進部
03-3513-6177　第５編集部
印刷／製本　TOPPANクロレ株式会社

ISBN 978-4-297-14083-0　C3055
Printed in Japan